21世纪职业教育规划教材

建筑装饰工程施工

杜赟　主编

U0281923

上海科学技术出版社

内 容 提 要

本书由编者根据多年的建筑装饰工程施工课程授课经验及教学体会,以提高学生兴趣为宗旨编写而成。全书按工序及工艺逐一分解,共分为 11 个项目,较为系统地阐述了隐蔽工程、防水工程、瓷砖铺贴工程、吊顶工程、地板工程、家具工程、门窗套工程、装饰墙工程、涂料工程、木器漆工程和裱糊工程的工艺及质量要求。

本书为上海市级精品课程 2.0"建筑装饰工程施工"配套教材,教材每个项目下配套有丰富的微课资源,在精品课程网站上还可以进行与施工相关的虚拟实训练习,便于学生了解施工流程。

本书可用作中等职业学校建筑装饰类专业建筑装饰工程施工课程教材,也可作为建筑装饰施工技术培训教材,还可供装饰装修类施工技术人员参考。

图书在版编目(CIP)数据

建筑装饰工程施工 / 杜赟主编.—上海:上海科学技术
出版社,2020.1(2021.3重印)
21 世纪职业教育规划教材
ISBN 978-7-5478-4633-9

Ⅰ.①建…　Ⅱ.①杜…　Ⅲ.①建筑装饰—工程施工—
职业教育—教材　Ⅳ.①TU767

中国版本图书馆 CIP 数据核字(2019)第 209341 号

建筑装饰工程施工

杜　赟　主编

上海世纪出版(集团)有限公司
上海 科 学 技 术 出 版 社　出版、发行
(上海钦州南路 71 号　邮政编码 200235　www.sstp.cn)
当纳利(上海)信息技术有限公司印刷
开本 787×1092　1/16　印张 12
字数:280 千字
2020 年 1 月第 1 版　2021 年 3 月第 2 次印刷
ISBN 978-7-5478-4633-9/TU·286
定价:68.00 元

本书如有缺页、错装或坏损等严重质量问题,
请向工厂联系调换

本书编委会

主 编

杜赟

编 委

赵福华　王潇骏　李蔚

前　言

　　随着经济的发展、科技的进步，以及人们生活水平的不断提高，人们对于自身的生活及工作环境要求越来越高，建筑装饰业应运而生且已成为需求旺盛、蓬勃发展的行业，同时新材料、新工艺的不断发展也推动了建筑装饰行业工艺水平的提升。因此，提高建筑装饰的技术水平、规范建筑市场、保证工程质量，具有十分重要的意义。

　　自 2002 年以来，与装饰装修工程密切相关的法规、标准、规范及规程等不断颁布实施，原有部分的相关标准、规范已废止。本书根据新颁布的国家标准、工程质量验收规范及其他相关技术法规，按新规范、新标准编写而成，包括建筑装饰工程施工的基本技术、要求和施工质量验收标准。全书力求内容系统有序，文字简洁，图文并茂，可操作性强，且最关键之处在于，本书的编写是以实际室内装饰装修项目为主线，以职业岗位需求为依据，以工作过程系统化开发为导向，对室内装饰施工进行梳理，列举典型工作任务进行讲解，注重内容的实用性、可操作性，强调了装饰行业新材料、新工艺及新技术的应用。

　　相比同类教材，本书最大特色在于，教材每个项目下配套有丰富的微课资源（全书共 25 个视频资源），在上海市级精品课程 2.0"建筑装饰工程施工"精品课程网站上还可以进行与施工相关的虚拟实训练习，以便学生了解施工流程。

　　在此感谢上海市材料工程学校校企合作单位——上海市装饰装修行业协会、上海市建筑装饰工程集团有限公司第三工程公司、上海恒邑装饰设计工程有限公司的大力配合，并感谢张珺校长、连珍总工、张雁飞总经理在教材编写中提供的帮助。

　　限于编者水平，加之时间仓促，难免有不足之处，敬请读者提出宝贵意见，以臻完美。

编者
2019 年 9 月

本书配套数字资源使用说明

针对本书配套数字资源的使用方式和资源分布,特做如下说明:

1. 用户(或读者)可持移动设备打开移动端扫码软件(如微信等),扫描教材封底二维码,即可在线阅读数字资源、交互使用。

2. 插图图题等后有加"⟷"标识的,提供视频等数字资源。具体教材中有关内容位置和数字资源对应关系参见下表:

教材中有关内容位置		数字资源类型	数字资源内容
项目一	图 1-5	视频资源	墙体拆建
	图 1-6	视频资源	水电改造
	图 1-12	视频资源	水路施工
	图 1-13	视频资源	辅料验收
	图 1-18	视频资源	电路施工
项目二	图 2-1	视频资源	防水工程
	图 2-7	视频资源	卫浴安装
	图 2-8	视频资源	卫生间防水施工
	图 2-14	视频资源	楼顶露台防水施工
项目三	图 3-1	视频资源	贴砖铺砖工程
项目四	图 4-2	视频资源	轻钢龙骨施工
	图 4-6	视频资源	吊顶工程
项目五	图 5-1	视频资源	地板工程
	图 5-5	视频资源	地板安装
项目六	图 6-5	视频资源	家具工程
项目七	图 7-11	视频资源	门窗套工程
项目八	图 8-15	视频资源	大理石背景墙施工
	图 8-22	视频资源	马赛克背景墙施工

教材中有关内容位置		数字资源类型	数字资源内容
项目九	图 9-2	视频资源	涂饰工程
	图 9-3	视频资源	油工施工
	图 9-6	视频资源	石膏砂浆喷涂施工
项目十	图 10-1	视频资源	木器漆工程
	图 10-5	视频资源	木器漆施工
项目十一	图 11-1	视频资源	裱糊工程
	图 11-7	视频资源	裱糊施工

目 录

项目一

施工的重点——隐蔽工程施工

　　本项目对室内装饰项目中的隐蔽工程进行教学，主要讲解墙体拆建、水路施工和电路施工三个任务。 隐蔽工程的质量不同于饰面装饰施工的质量。 隐蔽工程的施工质量如果出现问题，轻则产生漏水、霉变，重则导致漏电、墙面倒塌等，危及生命。 因而隐蔽工程往往是建筑装饰施工的重点把控环节。 本项目依据规范及验收标准进行选编，列举室内装饰施工的典型性工作任务进行讲解。

　任务一　墙体拆建

　任务二　水路施工

　任务三　电路施工

任务一 ▶ 墙体拆建

任务描述

　　这次老王夫妇购买的房产,老王希望可以敲掉部分墙体,可是王太太不同意,王太太怕房屋的承重结构上会有问题。所以今天他们带着疑惑来找设计师小李,对于老王夫妇的疑惑,设计师小李向他们介绍了隐蔽工程的重要性,并且对老王夫妇提出了自己的建议。

任务分析

　　根据设计施工图,观察原有墙体图。

　　设计师小李提议,敲除两堵墙,保留一堵墙,并且向老王夫妇阐述了自己的理由。同时,小李向老王夫妇介绍了墙体拆建的一些基本原则及施工方法。

施工方法与步骤

　　首先分析墙体类型,外墙、承重墙和框架结构原则上不动,依据物业部门对图纸上墙面改动的审核,按要求进行墙体拆除。

一、 拆除墙体

　　注意原墙体的结构问题,搞清一切情况,开始在墙体上划线,确定要拆除的部分,开始敲墙。按要求完工后,清理、搬运建筑垃圾。

二、 新建墙体

　　步骤为:准备材料→调和砂浆→水平墙面→砌砖→填补缝隙,如图 1-1～图 1-5 所示。

图1-1　材料准备

图1-2　调和砂浆

图1-3　水平墙面

图 1-4 砌砖

图 1-5 填补缝隙

知识储备

一、水泥工程基础材料

水泥、砂在装修工程中属于辅料,是不可缺少的工程基础材料。

1. 水泥

根据颜色,水泥可分为黑色水泥、白色水泥和彩色水泥。黑色水泥多用于砌墙、墙面批烫、粘贴瓷砖;白色水泥多用于填补砖缝等修饰性的用途;彩色水泥多用于水面具有装饰性的装修项目和一些人造地面,例如水磨石。

根据成分,水泥可分为硅酸盐水泥、普通硅酸盐水泥、矿渣水泥、火山灰水泥和粉煤灰水泥等多种。常用的水泥是普通硅酸盐水泥和硅酸盐水泥,普通袋装的重量为 50 kg。

根据黏力,水泥分为不同的标号。我国于 2007 年 8 月对水泥标号制定了新的标准。通用水泥新标准为《通用硅酸盐水泥》(GB 175—2007)。六大水泥标准实行以兆帕(MPa)表示的强度等级,如 32.5、32.5R、42.5、42.5R 等,使强度等级的数值与水泥 28 天抗压强度指标的最低值相同。新标准还统一规划了我国水泥的强度等级,硅酸盐水泥分 3 个强度等级 6 个类型,即 42.5、42.5R、52.5、52.5R、62.5、62.5R。其他五大水泥标准也分 3 个等级 6 个类型,即 32.5、32.5R、42.5、42.5R、52.5、52.5R。

2. 砂

砂是水泥砂浆里的必需材料。如果水泥砂浆里面没有砂,那么其凝固强度将几乎是零。

从规格上,砂可分为细砂、中砂和粗砂。砂子粒径 0.25～0.35 mm 的为细砂,粒径 0.35～0.5 mm 的为中砂,大于 0.5 mm 的称为粗砂。一般家装中推荐使用中砂。

从来源上,砂可分为海砂、河砂和山砂。在建筑装饰中,我国是严禁使用海砂的。海砂虽然洁净,但盐分高,对工程质量会造成很大的影响。要分辨是否是海砂,主要是看砂里面是否含有海洋细小贝壳。山砂由于表面粗糙,因此水泥附着效果好,但山砂成分复杂,多数含有泥土和其他有机杂质,所以一般工程中都推荐使用河砂。河砂表面粗糙度适中,而且较为干净,含杂质较少。一般从市面上购买回来的砂都得过筛后方可使用。

3. 添加剂

使用水泥砂浆添加剂的目的是加强其黏力和弹性,其主要品种包括:

(1) 107 胶(聚乙烯醇缩甲醛胶黏剂)。由于 107 胶含毒,污染环境,目前国内一些地方已经开始禁止使用。

(2) 白乳胶(聚醋酸乙烯胶黏剂)。性能要比 107 胶好,但价格也相对较高。

4. 水泥砂浆的调配

一般来说,家装中的水泥砂浆中水泥与砂的比例约为 1 : 3,水的用量应以现场视感为主,水泥砂浆不宜太干,亦不能太稀,其中添加剂的比例不宜超过 40%。

5. 红砖

红砖一般由红土制成,基于各地土质的不同,颜色也不完全一样。一般而言,红土或煤渣制成的砖比较坚固。

由于制造红砖需取黏土,从特定角度来说,会破坏农田或自然植被,再加上结构承重的问题,因此我国已经开始禁止红砖在建筑中的使用。

红砖规格一般为 225 mm×105 mm×70 mm(公差±5 mm)。

6. 空心砖

空心砖是近年来建筑行业常用的墙体主材,由于质轻、消耗原材少等优势已经成为我国建筑部门首先推荐的产品。空心砖的常见制造原料是黏土和煤渣灰,一般规格是 240 mm×115 mm×90 mm。

7. 填缝剂

彩色砖石填缝剂是一种单组分水泥基聚合物改性干混合砂浆,呈粉状,国内一般采用小包装销售。虽然在国外面市较早,但在国内还是一种新产品。它具有持久、防水、耐压等特点,是一般填缝材料白水泥的替代品,用于高级装饰工程,可填充各种石材及瓷砖缝隙。有两种调配方式:

(1) 加适量清水(5.5~6.5 L),并充分搅拌至均匀无颗粒膏糊状。

(2) 先加水于桶内,然后慢慢加入粉剂,并不断搅拌至均匀无颗粒、成膏状。静置5~10 min,再略搅拌后使用。

使用填缝剂的缝隙宽度不应小于 1 mm,以 1~5 mm 为宜;也有宽缝做法,即缝隙宽度在 6~12 mm。

二、水泥黏结工程施工要点

水泥黏结工程通常是指对室内的墙、地面进行地面找平、贴瓷砖、做防水、装地漏等处理。在施工中,主要注意以下几点:

(1) 瓷砖建议用瓷砖胶铺贴,价格并不贵,但是比一般的水泥砂浆铺贴更牢固,而且不容易出现空鼓,尤其是墙砖。瓷砖背景墙更建议用瓷砖胶铺贴。

(2) 为了装修的美观,很多厨房或者卫生间的墙面都选择将地砖进行加工后当成墙砖上墙,这个没有问题,但是要注意,墙砖是不能当成地砖用的,而且地砖上墙最好是使用瓷砖胶进行铺贴。

(3) 在瓷砖上开开关、插座孔时,要保证开孔比线盒小,在后期安装面板时才能遮盖住,保证美观。同时,开孔时要特别小心,确保砖面没有裂痕。

(4) 釉面砖热胀冷缩系数高,铺贴前必须浸泡在水中一段时间后才能使用。

(5) 墙地砖铺贴最重要的就是平整度,铺贴墙地砖时,用十字架留缝可以很好地保证平整性。留缝的作用是瓷砖热胀冷缩时不会造成爆角爆边情况。但是要注意,瓷砖或多或少都存在平整度上的误差。相对而言,品牌瓷砖的平整度要好很多,比如墙地砖中的东鹏、冠珠、诺贝尔,瓷砖背景墙中的孚祥、致和、兰宫等驰名品牌。

(6) 瓷砖安装完成后需要进行敲打,来查看瓷砖是否有空鼓。

任务实操

技能训练

1. 虚拟实训

登录上海市级精品课程2.0"建筑装饰工程施工"网站(http://180.167.24.37:8085),进入相应的仿真施工项目训练。

2. 真实实训

通过对墙体拆建项目的学习与了解,在现场对砌墙施工项目进行实操训练。

(1)分组练习。每5人为一个小组,按照施工方法与步骤,认真进行技能实操训练。

(2)组内讨论、组间对比。组员之间可就有关施工的方法、步骤和要求进行相互讨论与观摩,以提高实操练习的质量与效率。

小贴士

项目施工规范

摘自《住宅装饰装修工程施工规范》(GB 50327—2001):

7　抹灰工程

7.1　一般规定

7.1.1　本章适用于住宅内部抹灰工程施工。

7.1.2　顶棚抹灰层与基层之间及各抹灰层之间必须粘结牢固,无脱层、空鼓。

7.1.3　不同材料基体交接处表面的抹灰应采取防止开裂的加强措施。

7.1.4　室内墙面、柱面和门洞口的阳角做法应符合设计要求。设计无要求时,应采用1:2水泥砂浆做暗护角,其高度不应低于2 m,每侧宽度不应小于50 mm。

7.1.5　水泥砂浆抹灰层应在抹灰24 h后进行养护。抹灰层在凝结前,应防止快干、水冲、撞击和震动。

7.1.6　冬期施工,抹灰时的作业面温度不宜低于5 ℃;抹灰层初凝前不得受冻。

7.2　主要材料质量要求

7.2.1　抹灰用的水泥宜为硅酸盐水泥、普通硅酸盐水泥,其强度等级不应小于32.5。

7.2.2　不同品种不同标号的水泥不得混合使用。

7.2.3　水泥应有产品合格证书。

7.2.4　抹灰用砂子宜选用中砂,砂子使用前应过筛,不得含有杂物。

7.2.5　抹灰用石灰膏的熟化期不应少于15 d。罩面用磨细石灰粉的熟化期不应少于3 d。

7.3　施工要点

7.3.1　基层处理应符合下列规定：

① 砖砌体，应清除表面杂物、尘土，抹灰前应洒水湿润。

② 混凝土，表面应凿毛或在表面洒水润湿后涂刷 1∶1 水泥砂浆（加适量胶黏剂）。

③ 加气混凝土，应在湿润后边刷界面剂，边抹强度不大于 M5 的水泥混合砂浆。

7.3.2　抹灰层的平均总厚度应符合设计要求。

7.3.3　大面积抹灰前应设置标筋。抹灰应分层进行，每遍厚度宜为 5～7 mm。抹石灰砂浆和水泥混合砂浆每遍厚度宜为 7～9 mm。当抹灰总厚度超出 35 mm 时，应采取加强措施。

7.3.4　用水泥砂浆和水泥混合砂浆抹灰时，应待前一抹灰层凝结后方可抹后一层；用石灰砂浆抹灰时，应待前一抹灰层七八成干后方可抹后一层。

7.3.5　底层的抹灰层强度不得低于面层的抹灰层强度。

7.3.6　水泥砂浆拌好后，应在初凝前用完，凡结硬砂浆不得继续使用。

项目验收标准

摘自《上海市住宅装饰装修验收标准》（DB 31/30—2003）：

6　抹灰

6.1　基本要求

平顶及立面应洁净、接槎平顺、线角顺直、粘接牢固，无空鼓、脱层、爆灰和裂缝等缺陷。抹灰应分层进行。当抹灰总厚度超过 25 mm 时应采取防止开裂的加强措施。不同材料基体交接处表面抹灰宜采取防止开裂的加强措施。当采用加强网时，加强网的搭接宽度应不小于 100 mm。

6.2　验收要求和方法

抹灰质量验收要求及方法应按表 4 和规定进行。

表 4　抹灰质量验收要求及方法　　　　　　　　　　　（mm）

序号	项目	质量验收及允许偏差	验收方法		项目分类
			量具	测量方法	
1	空鼓	不允许	小锤轻击	全检	B
2	表面平整度	≤4	建筑用电子水平尺或 2m 靠尺、塞尺	每面随机测量两处，取最大值	C
3	立面垂直度	≤4	建筑用电子水平尺或 2m 垂直检测尺	每室随机选一面墙，测量三处，取最大值	C
4	阴阳角方正	≤4	建筑用电子水平尺或直角检测尺	每室随机测量一阴阳角	C
5	外观	符合 6.1 的要求	目测	全检	C

注：建筑用电子水平尺应符合 JG 142—2002 的要求。

任务二 ▶ 水路施工

任务描述

在设计师小李给老王的设计方案中,对于水路工程的施工没有考虑到墙体变化,现在老王的房屋墙体发生了变化。老王就新的水路施工方案,以及水管材料的选择,咨询小李。

任务分析

小李首先向老王介绍了新的水路施工方案,并且解释了施工方法。同时建议老王采用 PPR 水管,作为水路施工材料。

施工方法与步骤

一、 材料的准备

所准备的材料包括(图1-6):

(1) 铝塑复合管。

(2) PPR 水管。

(3) 水管弯头及转接口。

(4) 生料带。

图1-6 材料准备

二、水路工程施工流程

1. 施工工艺流程

施工工艺流程如下所示：

穿管孔洞的 ⟶ 水管量尺下料 ⟶ 管口套丝 ⟶ 管路支托架安装和
预先开凿　　　　　　　　　　　　　　　　　　　预埋件的预埋

正式连接安装 ⟵ 检查 ⟵ 预装

施工步骤如图 1-7～图 1-12 所示。

图 1-7　材料准备

图 1-8　墙面开槽

图 1-9　水管量尺下料

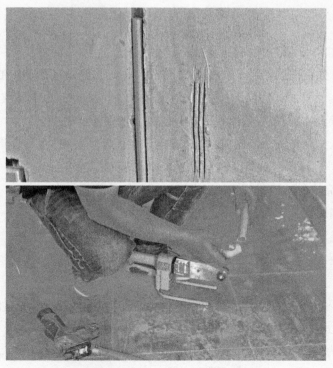

图 1-10　水管与管头热熔

图 1 - 11　水管上墙预埋

图 1 - 12　正式连接安装

2. 施工要诀

(1) 管路的连接一般采用螺纹连接的方法。

(2) 施工时,首先应根据管路改造设计要求,在墙面标出穿墙孔洞的中心位置,用十字线标记在墙面上,用冲击钻打洞孔,洞孔中心线应与穿墙管道中心线吻合,洞孔应打得平直。

(3) 管口套丝是保证安装质量的关键环节,防止套丝出现斜纹。

(4) 管子安装前,应先清理管内,使其内部清洁无杂物。安装时,注意接口质量,同时找准各甩头管件的位置与朝向,以确保安装后各用水设备的位置连接正确。

(5) 管线安装完毕,应清理管路。涂刷防腐涂料后,涂刷银粉膏。

3. 给水管道铺设安装

1) 给水管道铺设规范

(1) 冷水管在右(下),热水管在左(上),穿墙、梁时单独走一孔,水管端头左热右冷,两管间距不小于 30 mm。

(2) 标管长度内不允许安束接,管卡间距不大于 600 mm,应牢固。室外冷、热水管必须做保温防冻,别墅、复式总进户水管宜用 $\phi32$ 管。

(3) 试压:压力控制在 0.8 MPa 恒压 1 h,压力下降不应大于 0.05 MPa。

(4) 外露端头常规高度(均为净尺寸,定位时应按实际情况调整)具体要求见表 1 - 1。

表1-1 外露端头的高度要求 (mm)

位 置	高 度 要 求	位 置	高 度 要 求
淋浴龙头	1 000左右	洗脸(菜)盆出水口	600左右
浴缸龙头	700左右	洗衣机龙头	1 100左右或洗衣机侧面
热水器出水口	1 200		

2)给水管道铺设流程

给水管道铺设流程：弹线→开槽→布管→固定→封槽。流程操作参考强弱电弹线、开槽、布管、固定、封槽流程操作。

4. 排水管道铺设安装

1)排水管道铺设规范

(1)台盆、洗衣机、地漏排水口尽量不移位，多个排水口到地漏，采用斜三通防返水或分开布管，接口处应密封。

(2)多功能地漏(中央地漏)不得移位或封堵，若设计要求确需移位，应安装5′地漏，内胆应保留。

(3)卫生间新增排水口不得接入坑管，厨房有条件的保留地漏。

(4)阳台新增排水口，可利用主排水管安装三通，宜采用明管敷设。

(5)地面开槽排放下水管必须先做防水再排管。

(6)新排下水管应粘接牢固，管径不得小于40 mm；铺设应符合20‰坡度。

(7)改动前必须做通水试验，确认畅通、无渗漏后管口做好临时封堵。

2)排水管道铺设流程

常用工具包括水桶、榔头、凿子、卷尺、墨斗、美工刀、钢锯、粗砂纸、干抹布、铁锹、扫帚等。

(1)用水桶盛水对原下水口浇灌，确认通畅。

(2)清除槽内渣土，用水湿透；按照防水使用说明刷好防水。

(3)按照新增排水口位置测量长度，进行断管，断管后用美工刀除掉断口内毛刺。

(4)正式安装之前进行试装，试装合格后，用干抹布擦拭管口及配件内侧。用粗砂纸将管口及配件内侧稍作打毛，然后涂胶粘接。

(5)区域工作结束，清扫垃圾，清扫前洒水防尘。

注意：先做干管，再做支管；粘接时，将管子或配件稍作转动，以利粘接，分布均匀。

5. 施工原则

(1)家庭装饰中，水管最好走顶不走地，因为若水管安装在地上，要承受瓷砖和人在上面的压力，有踩裂水管的危险。另外，走顶的好处还在于检修方便。

(2)水管开槽的深度是有讲究的，冷水管埋管后的批灰层要大于1 cm，热水管埋管后的批灰层要大于1.5 cm。

(3)冷、热水管要遵循左侧热水右侧冷水，上热下冷的原则。

(4)现在的家庭装修给水管一般用PPR热熔管，它的好处在于密封性好、施工快，但是一定要提醒工人不要太急。因为用力不正的情况下,可能使管内堵塞,致使水流减小,如果是厕所冲水阀水管出现这种情况,便盆会冲洗不干净。

(5)水管铺设完成后,封槽前要用管卡固定,冷水管卡间距不大于 60 cm,热水管卡间距不大于 25 cm。

(6)水平管道管卡的间距,冷水管卡间距不大于 60 cm,热水管卡间距不大于 25 cm。

(7)安装好的冷、热水管管头的高度应在同一个水平面上,只有这样,以后安装冷、热水开关才会美观。

(8)水管安装好后,应立即用管堵把管头堵好,如果有杂物掉进去,那就有麻烦了。

(9)水管安装完成,千万不要忘记打压测试,打压测试就是为了检测所安装的水管有没有渗水或漏水现象,只有经过打压测试,才能放心封槽。

(10)打压测试时,打压机的压力一定要达到 0.6 MPa 以上。等待 20~30 min 以上,如果压力表的指针位置没有变化,就说明所安装的水管是密封的,可以放心封槽。

(11)下水管虽然没有压力,也要放水检查,仔细检查是否有漏水或渗水现象。

水路施工中如果有渗水现象,哪怕很微弱,也一定要坚持返工,绝对不能含糊!!!

知识储备

水路管线的排放,在装饰施工中作为隐蔽工程,要在施工前全部铺设安装完毕。

一、常用给排水管道类型

对于家庭装修来说,给排水管道主要是指给水管道部分。现在市面上的管道材质五花八门,用户往往摸不到头绪。那么究竟有哪些种类,又有哪些适合使用呢?

(1)镀锌铁管。镀锌铁管是目前使用量最大的一种材料。由于镀锌铁管的锈蚀造成水中重金属含量过高,影响人体健康,许多发达国家和地区的政府部门已开始明令禁止使用镀锌铁管。目前我国正在逐渐淘汰这种类型的管道。

(2)铜管。铜管是一种比较传统但价格较贵的管道材料,耐用而且施工较为方便。在很多进口卫浴产品中,铜管都是首选。价格是影响其使用量的最主要原因,另外铜蚀也是一方面的因素。

(3)不锈钢管。不锈钢管是一种较为耐用的管道材料。但其价格较高,且施工工艺要求比较高,尤其其材质强度较硬,现场加工非常困难,所以装修工程中用得较少。

(4)铝塑复合管。铝塑复合管是目前市面上较受欢迎的一种管材,由于其质轻、耐用而且施工方便,其可弯曲性更适合在家装中使用。其主要缺点是在用作热水管时,长期的热胀冷缩会造成管壁错位,以致渗漏。

(5)不锈钢复合管。不锈钢复合管与铝塑复合管在结构上差不多,在一定程度上,性能也比较接近。同样,由于钢的强度问题,施工仍较困难。

（6）PVC（聚氯乙烯）管。PVC管是一种现代合成材料管材。但近年来科技界发现，能使PVC变得更为柔软的化学添加剂酞，对人体内肾、肝、睾丸影响甚大，会导致癌症、肾损伤，并影响发育。一般而言，由于其强度远远不能适应水管的承压要求，因此极少使用于自来水管。大部分情况下，PVC管适用于电线管道和排污管道。

（7）PP（工程级聚丙烯）管。PP管分多种，分别为：

① PPB（嵌段共聚聚丙烯）管。由于在施工中采用熔接技术，因此也俗称热熔管。由于其无毒、质轻、耐压、耐腐蚀的特性，正在成为一种推广的材料，但目前装修工程中选用的还比较少。一般来说，这种材质不但适用于冷水管道，也适用于热水管道，甚至纯净饮用水管道。

② PPC（改共聚聚丙烯）管。性能基本同PPB。

③ PPR（无规共聚聚丙烯）管。性能基本同PPB。

PPC、PPB与PPR的物理特性基本相似，应用范围基本相同，工程中可替换使用。主要差别为：PPC、PPB材料耐低温性优于PPR；PPR材料耐高温性好于PPC、PPB。在实际应用中，当液体介质温度≤5 ℃时，优先选用PPC、PPB管；当液体介质温度≥65 ℃时，优先选用PPR管；当液体介质温度在5～65 ℃时，PPC、PPB与PPR的使用性能基本一致。

⚠ 注意事项

1. 进场施工前必须先测弹水平线

检查原有给排水管是否畅通，总阀启闭是否灵活严密（对于关闭不严密的闸阀应要求业主联系物业，及时调换成气密性强的截止阀），对厨卫地面做盛水试验。查看原进户电源（电表容量、进线线径大小），电话线、电视线、宽带信息网线是否连接到位。

2. 现场核对设备

现场核对家具、电器、卫生洁具和开关的位置及尺寸，如有不符，经业主同意，按实际情况加以调整并签字备案。

3. 管道与洁具

（1）除设计注明外，冷热水管均采用铝塑管，主管统一为 φ20 mm，分管为 φ16 mm。安装前应检查管道是否畅通。

（2）不得随意改变排水管、地漏及坐便器等的废、污排水性质和位置（特殊情况除外）。排水管必须设存水弯，以防臭气上排。

（3）钢管全部采用螺纹连接，并用麻丝、厚漆或生料带衬口。管道验收应符合加压≥0.6 MPa、稳压20 min管内压下降≤0.5 MPa的标准。下水管竣工后一律临时封口，以防杂物阻塞。

（4）管道安装应横平竖直，铺设牢固，PVC下水管必须胶粘严密，坡度符合35‰要求。

（5）管道安装不得靠近电源，并在电线管下面，交叉时须用过桥弯过渡，水管与燃气管的间距应该不小于50 mm。

（6）通往阳台的水管必须加装阀门，中间尽量避免接头。

（7）冷、热水管外露头子间距必须根据龙头实际尺寸而定。两只头子（明装头子必须用镀锌式样管加长 30 mm 套管,确保以后三角阀安装并行)必须在同一水平线上;外露头子凸出抹灰且不小于 10~15 mm,并用水泥砂浆固定,热水管埋入墙身深度应保证管外有 15 mm 以上的水泥砂浆保护层,以免受热釉面裂开(特殊情况除外)。长距离热水管须用保温材料处理。

(8) 外露管头常规高度(均为净尺寸)见表 1-2。

表 1-2　外露管头常规高度　(mm)

位置	高度	位置	高度	位置	高度
淋浴房	1 000	洗脸盆	500	洗衣机	机高加 200
浴缸	650	厨房水池	600	热水器	1 200~1 600 或现场定

(9) 前期工程完工时须安装工地临时用水龙头 1~2 只(以低龙头为佳),并提供后期所需材料清单(规格、数量、种类),以便客户自行安排时间选购。

(10) 卫生洁具安装必须牢固,不得松动,排水畅通,各处连接密封无渗漏;安装完毕后盛水 2 h,自行用目测和手感法检查一遍。

(11) 坐便器安装必须用油石灰或硅酮胶、黄油卷连接密封,严禁用水泥砂浆固定。水池下水、浴缸排水必须用硬管连接。

(12) 所有卫生洁具及其配件安装前及安装完毕,均应检查一遍,查看有无损坏。工程安装完毕,应对所有用水洁具进行一次全面检查。

二、 给水管道定位开槽

(1) 水电进场后应对原有下水管道、地漏进行临时封口,避免杂物进入管道。

(2) 确定管道终端的位置,并根据管道端口位置在墙上、地上确定管道走向的线路。

(3) 管槽的宽深尺寸一般为管直径的 1.5 倍,埋置深度应大于 15 mm。

(4) 施工队长向专业厂家交待施工地址和安装时间。

(5) 将已开槽的管道走向向厂家安装人员交底,配合厂家安装。

(6) 给水管与燃气管平行敷设,管道间距离≥50 mm;交叉敷设,管道间距离≥10 mm。

(7) 新装的给水管道必须进行加压试验。多层测试压力为 0.6 MPa,高层测试压力为 0.8 MPa,加压试验应无渗漏,1 h 左右压力损失不大于 0.05 MPa;金属及其复合管恒压 10 min,压力下降不大于 0.02 MPa。检验合格后方可进入下道工序。

(8) 工艺标准应符合下列规定:

① 管外径在 25 mm 以下的给水管道,在转角、接头、水表、阀门及终端的 100 mm 处设管卡,水平方向管卡间距 600 mm,管卡安装必须牢固。

② 新装给水管道,安装要做到"横平竖直"、减少绕道走向,原则上不埋入地面或从木地板下通过,更不能破坏厨卫地面及墙体根部的防水层。

③ 给水管暗敷时尽量减少接头,如管道须穿越吊平顶,不得有可拆接头;给水管通过房或厅至阳台,必须在可操作处安装截止阀以便切断。

④ 所有接头、阀门与管道连接处不得有松动、渗漏。管道采用螺纹连接处应有外露螺纹（铰八进五），生料带绕五圈以上，绞紧后不得朝相反方向回绞，安装完毕及时用管卡固定。管材与管件或阀门之间不得有松动。

⑤ 冷热水管应左热右冷，连接端头应水平，进出一致。冷热水管间距≥30 mm（当小区采用集中供暖时，冷热管道安装平行间距不小于 200 mm）。阀门的安装位置应便于维修与使用，水管安装不得靠近电源。

⑥ 金属热水管必须做绝热处理。

三、水电施工要点

由于装饰材料种类繁多，在选购电线、开关、灯具、给水管等水电材料时不要图便宜，要购买正规厂家产品，同时要认真检查产品的生产许可证、检测报告、3C 认证等证书是否齐全，并且要开具正式发票。在水电施工过程中，主要注意以下几点：

（1）开槽时不要把原电线管路或水暖管路破坏。

（2）电气管路铺设时要用穿线管，不要把电线直接埋到地面或墙里，这样不仅不安全，而且一旦损坏就不能维修。

（3）给排水管道在铺设好后一定要进行打压试验，合格后再做下一道工序，防止管道漏水造成损坏。

（4）厨房、客厅等应尽量多分几个回路，每个回路都必须安装漏电开关，用于漏电保护，防止出现用电安全事故。

（5）电源导线一定要按负荷大小选择导线线径（并留有余量），线径大了浪费钱，线径过小不安全。一般开关、插座选用 2.5 mm² 的线径，空调和直热式电热水器选用 4 mm² 线径。

（6）厨房和卫生间等需要做好防水的部位，做完防水后一定要做闭水试验，合格后再贴砖。

（7）重量超过 3 kg 的灯具，一定要固定在螺栓或预埋吊钩上，禁止使用木楔固定。

（8）卫生间、阳台等容易进水的地方，一定要选用防水插座。

任务实操

技能训练

1. 虚拟实训

登录上海市级精品课程 2.0"建筑装饰工程施工"网站（http://180.167.24.37:8085），进入相应的仿真施工项目训练。

2. 真实实训

通过对水路施工项目的学习与了解，在现场对水路工程项目进行实操训练。

(1) 分组练习。每5人为一个小组,按照施工方法与步骤认真进行技能实操训练。

(2) 组内讨论、组间对比。组员之间可就有关施工的方法、步骤和要求进行相互讨论与观摩,以提高实操练习的质量与效率。

项目施工规范

摘自《住宅装饰装修工程施工规范》(GB 50327—2001):

6   防水工程

6.1   一般规定

6.1.1   本章适用于卫生间、厨房、阳台的防水工程施工。

6.1.2   防水施工宜采用涂膜防水。

6.1.3   防水施工人员应具备相应的岗位证书。

6.1.4   防水工程应在地面、墙面隐蔽工程完毕并经检查验收后进行。其施工方法应符合国家现行标准,规范的有关规定。

6.1.5   施工时应设置安全照明,并保持通风。

6.1.6   施工环境温度应符合防水材料的技术要求,并宜在5℃以上。

6.1.7   防水工程应做两次蓄水试验。

6.2   主要材料质量要求

防水涂料的性能应符合国家现行有关标准的规定,并应有产品合格证书。

6.3   施工要点

6.3.1   基层表面应平整,不得有松动、空鼓、起沙、开裂等缺陷,含水率应符合防水材料的施工要求。

6.3.2   地漏、套管、卫生洁具根部、阴阳角等部位,应先做防水附加层。

6.3.3   防水层应从地面延伸到墙面,高出地面100 mm;浴室墙面的防水层不得低于1 800 mm。

6.3.4   防水砂浆施工应符合下列规定:

① 防水砂浆的配合比应符合设计或产品的要求,防水层应与基层结合牢固,表面应平整,不得有空鼓、裂缝和麻面起沙,阴阳角应做成圆弧形。

② 保护层水泥砂浆的厚度、强度应符合设计要求。

6.3.5   涂膜防水施工应符合下列规定:

① 涂膜涂刷应均匀一致,不得漏刷。总厚度应符合产品技术性能要求。

② 玻纤布的接槎应顺流水方向搭接,搭接宽度应不小于100 mm。两层以上玻纤布的防水施工,上、下搭接应错开幅宽的1/2。

项目验收标准

摘自《上海市住宅装饰装修验收标准》(DB 31/30—2003)：

4　给排水管道

4.1　基本要求

4.1.1　施工后管道应畅通无渗漏,新增给水管道必须按表1要求进行加压试验检查,如采用嵌装或暗敷时,必须检查合格后方可进入下道工序施工。

4.1.2　排水管道应在施工前对原有管道作检查,确认畅通后,进行临时封堵,避免杂物进入管道。

4.1.3　管道采用螺纹连接时,其连接处应有外露螺绞,安装完毕应及时用管卡固定,管卡安装必须牢固,管材与管件或阀门之间不得有松动。

4.1.4　安装的各种阀门位置应符合设计要求,并便于使用及维修。

4.1.5　金属热水管必须作绝热处理。

4.2　验收要求和方法

管道排列应符合设计要求,管道安装应按表1的规定进行。

表1　管道验收要求及方法

序号	项目	要求	验收		项目分类
			量具	测量方法	
1	新增的给水管道必须进行加压试验	无渗漏	试压泵	试验压力 0.6 MPa,金属及其复合管恒压 10 min,压力下降不应大于 0.02 MPa;塑料管恒压 1 h,压力下降不应大于 0.05 MPa	A
2	给排水管材、管件、阀门、器具连接	安装牢固,位置正确,连接处无渗漏	目测手感	通水观察	A
3	管道间间距	给水管与燃气管平行敷设,距离≥50 mm;交叉敷设,距离≥10 mm	钢卷尺	测量	A
4	龙头、阀门、水表安装	应平整,开启灵活,运转正常,出水畅通,左热右冷	目测手感	通水观察	A
5	管道安装[a]	热水器应在冷水管左侧,冷热水管间距≥30 mm	目测、钢卷尺	观察、测量	A

注：a管道安装为套内热水器出水的冷热水管安装要求,当小区采中供暖时,管道安装按《住宅装饰装修工程施工规范》(GB 50327—2001)的规定。

任务三 ▶ 电路施工

任务描述

　　在介绍完水路工程施工后,设计师小李向老王介绍了电路分配线路及施工方法。

任务分析

　　室内电气布线是家居装修装饰中的一项基础工程,其工程质量的好坏直接关系到住户的用电安全和方便,埋线、接线等都要严格按照标准执行。

施工方法与步骤

一、材料的准备

电路施工需要的材料如图1-13所示。

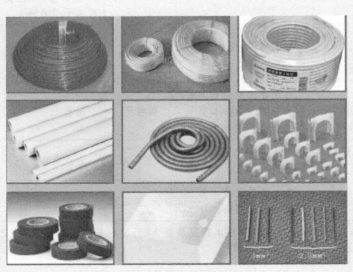

图1-13 材料准备

二、 电路施工过程

验收材料→电路定位→电路开槽→布线埋线→线槽接线→封槽,如图1-14~图1-18所示。

(1)定位:首先要根据对电的用途需求进行电路定位,如哪里要开关、哪里要插座、哪里要灯等要求,电工会根据要求进行定位。

(2)开槽:定位完成后,电工根据定位和电路走向,开布线槽,线路槽很有讲究,要横平竖直。不过,规范的做法不允许开横槽,因为会影响墙的承受力。

(3)布线:布线一般采用线管暗埋的方式。线管有冷弯管和PVC管两种。冷弯管可以弯曲而不断裂,是布线的最好选择,因为它的转角是有弧度的,线可以随时更换,而不用开墙。

(4)弯管:冷弯管要用弯管工具,弧度应该是线管直径的10倍,这样穿线或拆线才能顺利。

图1-14　电路定位

图1-15　电路开槽

图1-16 布线埋线

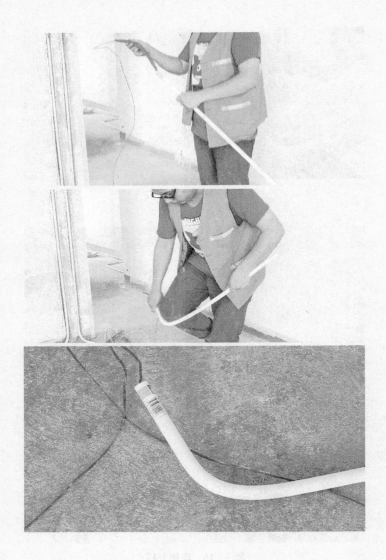

图1-17 布线

连接两根线管时，用直接套管，注意胶水要充分涂刷，防止脱落。

图 1-17　线槽接线

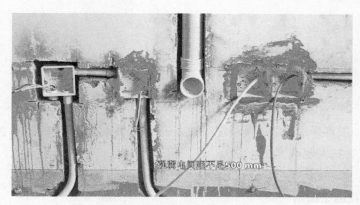

强弱电间距不足500 mm

图 1-18　封槽安装

三、布线要遵循的原则

(1) 强、弱电的间距要在 30～50 cm,它们只能作"远邻",不能作"近亲",否则,它们就会随时"串门",干扰电视和电话信号。

(2) 强、弱电不能同穿于一根管内。

(3) 管内导线总截面面积要小于保护管截面面积的 40%,例如线径 20 管内最多穿 4 根线径 2.5 mm² 的线。

(4) 长距离的线管尽量用整管。

(5) 线管如果需要用接头连接,接头和管要用胶粘好。

(6) 如果有线管在地面上,应立即保护起来,防止踩裂,影响以后的检修。

(7) 当布线长度超过 15 m,或中间有 3 个弯曲时,在中间应该加装一个接线盒,因为拆装电线时,太长或弯曲多,线从穿线管过不去。

(8) 一般情况下,空调插座安装应离地 2 m 以上。

(9) 电线线路要和煤气道相距 40 cm 以上。

（10）没有特别要求的前提下，插座安装应离地30 cm高度。

（11）开关、插座面对面板，应该左侧零线右侧火线。

（12）家庭装修中，电线只能并头连接，绝对不能随便接。

（13）接头处采用按压接线法，必须要结实牢固。

（14）接好的线要立即用绝缘胶布包好。

（15）家里装修过程中，如果确定了火线、零线、地线的颜色，那么任何时候，颜色都不能用混了。

（16）家里不同区域的照明、插座、空调、热水器等电路都要分开分组布线，一旦哪部分需要断电检修时，不影响其他电器的正常使用。

（17）在做完电路后，一定要让施工方做一份电路布置图，以防以后检修、墙面修整或在墙上打钉子时破坏电线。

知识储备

电路布线时一般都采用在墙上开槽埋线的办法，采用暗管敷设，导线装入套管后，应使用导线固定夹子固定，再抹灰隐蔽。

一、电路工程施工细则

（1）每户设置的配电箱尺寸，必须根据实际所需空气开关（空开）而定；每户均必须设置总开（两极）＋漏电保护器（所需位置为4个单片数，断路器空开为合格产品），严格按图分设各路空开及布线，并标明空开各使用电路。配电箱安装必须有可靠的接地连接。

（2）与业主确定开关、插座品牌，核实是否安装门铃、门灯电源，校对图纸跟现场是否相符，不符时，经客户同意应及时调整并签字。

（3）电器布线均采用中策BV单股铜线，接地线为BBR软铜线，穿PVC暗埋设（空心楼板，现浇屋面板除外），走向为横平竖直，沿平顶墙角走，无吊顶但有80 mm膏阴角线时，限走φ20 mm、φ15 mm各一根，禁止地面放管走线；严格按图布线（照明主干线线径为2.5 mm²，支线线径为1.5 mm²），管内不得有接头和扭结，均用新线，旧线在验收时交付房东。禁止电线直接埋入灰层（遇混凝土时采用BVV护套线）。

（4）管内导线的总截面积不得超过管内径截面积的40%。同类照明的几个同路可穿入同一根管内，但管内导线总数不得多于8根。

（5）电话线、电视线、电脑线的进户线均不得移动或封闭，严禁弱电线与导线安装在同一根管道中（包括穿越开关、插座暗盒和其他暗盒），管线均从地面墙角直装。

（6）严禁随意改动煤气管道及表头位置，导线管与煤气管间距同一平面不得小于100 mm，不同平面不得小于50 mm，电器插座开关与煤气管间距不小于150 mm。

(7) 线盒内预留导线长度为 150 mm,平顶预留线必须标明标签,接线为相线进开关,零线进灯头。面对插座时为左零右相接地上,开关插座安装必须牢固、位置正确、紧贴墙面。同一室内,盒内在同一水平线上。

(8) 开关、插座常规高度(以老地坪计算),安装时必须以水平线为统一标准。开关常规安装高度为 1 200～1 300 mm,插座常规安装高度见表 1-3。

表 1-3 插座常规高度 (mm)

类型	普通	分体空调	立式空调	房间电视	油烟机	床头灯插	厨房插座	特殊插座
高度	300	2 200	300	700	2 200	600	1 100	按实际调整

(9) 前期工程施工时,每个房间安装临时照明灯一盏、插座一只,安装好配电箱及保护开关并接通全部电源,绘好电线、管道走向图,并提供后期材料清单(规格、品牌、数量、种类),便于业主自行安排时间选购。

(10) 灯具、水暖及厨卫五金配件、防雾镜(普通镜由木工安装)进场后应检查一遍,查看有无损坏。

(11) 严禁带电作业(特殊情况需带电作业时要另有一人在场)。工程安装完毕,应对所有灯具、电器、插座、开关、电表断通电试验检查,并在配电箱上准确标明其位置,并按顺序排列。

(12) 绘好的照明、插座、弱电图、管道,在隐蔽工程验收时,经客户签字认可后,配合设计人员打印成图,交工程部、业主一份(底稿留档)。

(13) 施工队班长必须在现场作业和验收时在场。前期和后期工程完工时,均应做好清理工作,做到工完场清。

(14) 油漆进场前,应对所布强电、弱电进行一次全面复检。

二、电线资料

家庭用电源线宜采用 BVV2×2.5 和 BVV2×1.5 型号的电线。BVV 是国家标准代号,为铜质护套线,2×2.5 和 2×1.5 分别代表 2 芯 2.5 mm² 和 2 芯 1.5 mm²。一般情况下,2×2.5 作主线、干线,2×1.5 作单个电器支线、开关线。单相空调专线用 BVV2×4,另配专用地线。

购买电线,首先看成卷的电线包装上有无中国电工产品认证委员会的"长城标志"和生产许可证号;再看电线外层塑料皮是否色泽鲜亮、质地细密,用打火机点燃应无明火。非正规产品使用再生塑料,色泽暗淡,质地疏松,能点燃明火。其次看长度、比价格,BVV2×2.5 每卷的长度是 100(±5) m,市场售价 280 元左右,非正规产品长度 60～80 m 不等,有的厂家把 E 绝缘外皮做厚,使内行也难以看出问题,一般可以数一下电线的圈数,然后乘以整卷的半径,就可大致推算出长度。再次可以要求商家剪一断头,看铜芯材质。2×2.5 铜芯直径 1.784 mm,可用千分尺量一下,正规产品电线使用精红紫铜,外层光亮而稍软,非正规产品铜质偏黑而发硬,属再生杂铜,电阻率高,导电性能差,会升温而不安全。最后,购电线应去交电商店或厂家门市部。

验收材料→电路定位→电路开槽→布线埋线→线槽接线→封槽。考察电路材料、线槽、卡口等材料，了解常用材料的规格型号。

1. 虚拟实训

登录上海市级精品课程 2.0"建筑装饰工程施工"网站（http://180.167.24.37:8085），进入相应的仿真施工项目训练。

2. 真实实训

通过对电路施工项目的学习与了解，在现场对电路施工项目进行实操训练。

（1）分组练习。每 5 人为一个小组，按照施工方法与步骤认真进行技能实操训练。

（2）组内讨论、组间对比。组员之间可就有关施工的方法、步骤和要求进行相互讨论与观摩，以提高实操练习的质量与效率。

项目施工规范

摘自《住宅装饰装修工程施工规范》（GB 50327—2001）：

16　电气安装工程

16.1　一般规定

16.1.1　本章适用于住宅单相人户配电箱户表后的室内电路布线及电器、灯具安装。

16.1.2　电气安装施工人员应持证上岗。

16.1.3　配电箱户表后应根据室内用电设备的不同功率分别配线供电；大功率家电设备应独立配线安装插座。

16.1.4　配线时，相线与零线的颜色应不同；同一住宅相线（L）颜色应统一，零线（N）宜用蓝色，保护线（PE）必须用黄绿双色线。

16.1.5　电路配管、配线施工及电器、灯具安装除遵守本规定外，尚应符合国家现行有关标准规范的规定。

16.1.6　工程竣工时应向业主提供电气工程竣工图。

16.2　主要材料质量要求

16.2.1　电器、电料的规格、型号应符合设计要求及国家现行电器产品标准的有关规定。

16.2.2　电器、电料的包装应完好,材料外观不应有破损,附件、备件应齐全。

16.2.3　塑料电线保护管及接线盒必须是阻燃型产品,外观不应有破损及变形。

16.2.4　金属电线保护管及接线盒外观不应有折扁和裂缝,管内应无毛刺,管口应平整。

16.2.5　通信系统使用的终端盒、接线盒与配电系统的开关、插座,宜选用同一系列产品。

16.3　施工要点

16.3.1　应根据用电设备位置,确定管线走向、标高及开关、插座的位置。

16.3.2　电源线配线时,所用导线截面积应满足用电设备的最大输出功率。

16.3.3　暗线敷设必须配管。当管线长度超过 15 m 或有两个直角弯时,应增设拉线盒。

16.3.4　同一回路电线应穿入同一根管内,但管内总根数不应超过 8 根,电线总截面积(包括绝缘外皮)不应超过管内截面积的 40%。

16.3.5　电源线与通信线不得穿入同一根管内。

16.3.6　电源线及插座与电视线及插座的水平间距不应小于 500 mm。

16.3.7　电线与暖气、热水、煤气管之间的平行距离不应小于 300 mm,交叉距离不应小于 100 mm。

16.3.8　穿入配管导线的接头应设在接线盒内,接头搭接应牢固,绝缘带包缠应均匀紧密。

16.3.9　安装电源插座时,面向插座的左侧应接零线(N),右侧应接相线(L),中间上方应接保护地线(PE)。

16.3.10　当吊灯自重在 3 kg 及以上时,应先在顶板上安装后置埋件,然后将灯具固定在后置埋件上。严禁安装在木楔、木砖上。

16.3.11　连接开关、螺口灯具导线时,相线应先接开关,开关引出的相线应接在灯中心的端子上,零线应接在螺纹的端子上。

16.3.12　导线间和导线对地间电阻必须大于 0.5 MΩ。

16.3.13　同一室内的电源、电话、电视等插座面板应在同一水平标高上,高差应小于 5 mm。

16.3.14　厨房、卫生间应安装防溅插座,开关宜安装在门外开启侧的墙体上。

16.3.15　电源插座底边距地宜为 300 mm,平开关板底边距地宜为 1 400 mm。

项目验收标准

摘自《上海市住宅装饰装修验收标准》(DB 31/30—2003):

5　电气

5.1　基本要求

5.1.1　每户应设分户配电箱,配电箱内应设置电源总断路器,该总断路器应具有过载短路保护、漏电保护等功能,其漏电动作电流应不大于 30 mA。

5.1.2　空调电插座、厨房电源插座、卫生间电源插座、其他电源插座及照明电源均应设计单独回路。各配电回路保护断路器均应具有过载积和短路保护功能,断路时应同时断开相线及零线。

5.1.3　电气导线的敷设应按装修设计规定进行施工,配线时,相线(L)宜用红色,零线(N)宜用蓝色,接地保护线应用黄绿双色线(PE),同一住宅内配线颜色应统一。三相五线制配电设计应均荷分布。

5.1.4　室内布线应穿管敷设(除现浇混凝土楼板顶面可采用护套线外),应采用绝缘良好的单股铜芯导线。管内导线总截面积不应超过和管内径截面积的 40%,管内不得有接头和扭结。管壁厚度不小于 1.0 mm,各类导线应分别穿管(不同回路、不同电压等级或交流直流的导线不得穿在同一管道中)。

5.1.5　分路负荷线径截面的选择应使导线的安全载流量大于该分路内所有电器的额定电流之和,各分路线的合计容量不允许超过进户线的容量。插导导线铜芯截面应不小于 2.5 mm²,灯头、开关导线铜芯截面应不小于 1.5 mm²。

5.1.6　保护应可靠,导线间和导线对地间的绝缘电阻值应大于 0.5 MΩ。

5.1.7　电热设备不得直接安装在可燃构件上,卫生间插座宜选用防溅式。

5.1.8　吊平顶内的电气配管,应采用明管敷设,不得将配管固定在平顶的吊杆或龙骨上。灯头盒、接线盒的设置应便于检修,并加盖板。使用软管接到等位的,其长度不应超过 1 m。软管两端应用专用接头与接线盒,灯具应连接牢固,严禁用木桦固定。金属软管本身应做接地保护。各种强、弱电的导线均不得在吊平顶内出现裸露。

5.1.9　照明灯开关不宜装在门后,开关距地高度宜为 1.3 m 左右,相邻开关应布置匀称,安装应平整、牢固。接线时,相线进开关,零线直接进灯头,相线不应接至螺口灯头外壳。

5.1.10　插座离地面不低于 200 mm,相邻插座应布置匀称,安装应平整、牢固。1 m 以下插座宜采用安全插座,线盒内导线应留有余量,长度宜大于 150 mm。电源插座的接线应左零右相,接地应可靠,接地孔应在上方。

5.1.11　导线与燃气管、水管、压缩空气管间隔距离应按表 2 的规定进行。

表 2　导线与燃气管、水管、压缩空气管间隔距离　　　　　(mm)

类别位置	导线与燃气管、水管	电气开关、插座与燃气管	导线与压缩空气管
同一平面	≥100	≥150	≥300
不同平面	≥50		≥100

5.1.12 考虑到住宅内智能化发展,装修时布线应预留线路,各信息点的布线应尽量周到合理,并便于更换或扩展。

5.2 验收要求和方法

5.2.1 工程竣工后应提供线路走向位置图,并按上述要求逐一进行验收,隐蔽电气线路应在验收合格后,方可进入下道工序施工。

5.2.2 电气验收应按表3的规定进行。

表3 电气验收要求及方法

序号	项目	要求	验收		项目分类
			量具	测量方法	
1	过载短路漏电保护器	符合 5.1.2 的要求	漏电检测专用工具或仪器	插座全检	A
2	室内布线	符合 5.1.4 的要求	目测	全检	A
3	绝缘电阻	符合 5.1.6 的要求	兆欧表或绝缘电阻测试仪	全检各回路	A
4	电热设备	符合 5.1.7 的要求	手感、目测		A
5	电气配管、接线盒	符合 5.1.8 的要求	目测、钢卷尺		A
6	灯具、开关、插座	符合 5.1.9 和 5.1.10 的要求	电笔、专用测试器通电试亮	全检	A
7	导线与燃气、水管、压缩空气管的间距	符合表2的要求	钢卷尺或直尺		A

项目二

避免漏水霉变的关键 ——防水施工

本项目对室内装饰项目中的防水工程进行教学，主要讲解楼顶露台防水施工、卫生间防水施工两个任务。在室内装饰项目中，防水施工没有做好，容易产生漏水、霉变等问题，因而防水工程需要进行严格监理管控。本项目依据规范及验收标准进行选编，列举室内装饰施工的典型性工作任务进行讲解。

• 任务一　卫生间防水施工

• 任务二　楼顶露台防水施工

任务一 ▶ 卫生间防水施工

任务描述

　　老王夫妇的老房子由于卫生间长期渗水,将楼下住户的卫生间都淹了,赔偿楼下住户很大金额,才搞定了楼下的卫生间重新装修的事情。因此,这次老王特别强调,在新房的卫生间、厨房、阳台等接触水的地方,防水要重点做好。今天,设计师小李向老王介绍了防水施工的计划。

任务分析

　　家装中的防水项目,是避免未来产生漏水等隐患,并且深受客户重视的施工环节。做好防水,必须先明确防止施工的材料使用与操作流程。

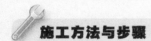

施工方法与步骤

一、工具的准备

准备的机械器具包括小型电动搅拌器、搅拌桶、塑料、铁皮刮板、油工铲子、滚筒等(图2-1)。

二、材料的准备

准备的材料:JS复合防水涂料(图2-2)。

图2-1 工具准备

图2-2 JS复合防水涂料

三、施工过程

1. 卫生间地面处理

基面处理：将基层表面凸出部位铲平，凹处用水泥砂浆修补平整，不得有空鼓、开裂及起砂等缺陷，找平层应有利于卷材的铺设与粘贴。提前浇水湿润，但不得有积水。

2. 做防水层

(1) 刷防水涂料。地面做防水层，从地面起向上刷10～20 cm的防水涂料，然后地面再重做防水，加上原防水层，组成复合性防水层，以增强防水性。

(2) 多次涂刷防水涂料。大面积多次涂刷防水涂料（节点部位加强），涂刷时应采用水泥工专用刷子，厚度为1.2 mm。用防水涂料反复涂刷2～3遍。

3. 盛水试验，组织验收

盛水试验：涂刷防水涂料完毕，经过24 h的晾干固化后，就要进行最后的盛水试验，未发现渗水、漏水为合格。盛水试验一般需要24 h。

卫生间防水施工过程如图2-3～图2-8所示。

图2-3 材料准备

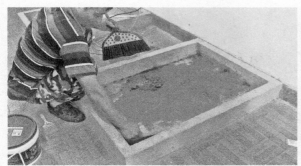

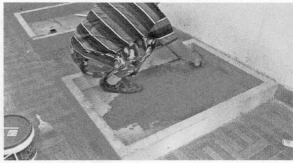

图 2-4　基面处理

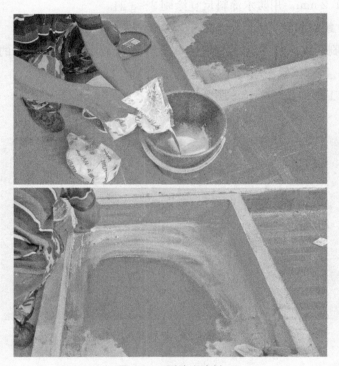

图 2-5　刷防水涂料

图 2-6　多次涂刷防水涂料

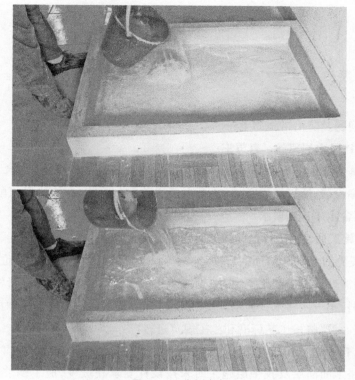

图 2-7 盛水试验

图 2-8 24 h后检查防水效果

常见的质量问题及防治措施如下：

1. 聚氨酯涂抹防水层空鼓、有气泡

其主要因为基层清理不干净、聚氨酯涂刷不均，或者是找平层潮湿，含水率高于9%；涂刷之前未进行含水率检验，所以造成空鼓，甚至大面积鼓包。因此，在涂刷聚氨酯前，必须将基层清理干净，并保证含水率达到要求。

2. 地层面层施工后，在进行盛水试验时还有渗漏现象

其主要原因是穿过地面和墙面的管件、地漏等松动，撕裂防水层；其他部位由于管根松动或粘结不牢，接触面清理不干净产生空隙；接茬、封口处搭接长度不够，粘贴不紧密；做防水层可能损坏了防水层材料；第一次盛水试验水深度不够。因此，要求在施工过程中，对相关的工序应认真操作，加强责任心，严格按工艺标准和施工规范进行操作。

3. 地面排水不顺畅

其主要原因是地面面层及找平层施工时未按设计要求找坡度，成了倒坡或凹凸不平而存水。因此，在聚氨酯涂膜防水施工之前，应先检查基层坡度是否符合要求。如果其与设计不符时，应先进行找坡度处理，再做防水施工，面层施工时也要按设计要求找坡度。

4. 地面第二次盛水试验后已验收合格，但在竣工后使用仍然发现有渗漏现象

其主要原因是卫生器具的排水口和管道承插口处未连接严密，连接后未用建筑密封膏封密实，或者是后安装的卫生器具固定螺丝穿透防水层而未进行处理。在卫生器具安装后，必须仔细检查各接口处是否符合要求，达到要求后才能进行下道工序，并注意防水层的成品保护。

1. 虚拟实训

登录上海市级精品课程2.0"建筑装饰工程施工"网站(http://180.167.24.37:8085)，进入相应的仿真施工项目训练。

2. 真实实训

通过对防水施工项目的学习与了解，在现场对卫生间防水施工项目进行实操训练。

（1）分组练习。每5人为一个小组，按照施工方法与步骤认真进行技能实操训练。

（2）组内讨论、组间对比。组员之间可就有关施工的方法、步骤和要求进行相互讨论与观摩，以提高实操练习的质量与效率。

小贴士

项目施工规范

摘自《住宅装饰装修工程施工规范》（GB 50327—2001）：

6　防水工程

6.1　一般规定

6.1.1　本章适用于卫生间、厨房、阳台的防水工程施工。

6.1.2　防水施工宜采用涂膜防水。

6.1.3　防水施工人员应具备相应的岗位证书。

6.1.4　防水工程应在地面、墙面隐蔽工程完毕并经检查验收后进行。其施工方法应符合国家现行标准，规范的有关规定。

6.1.5　施工时应设置安全照明，并保持通风。

6.1.6　施工环境温度应符合防水材料的技术要求，并宜在5℃以上。

6.1.7　防水工程应做两次盛水试验。

6.2　主要材料质量要求

防水涂料的性能应符合国家现行有关标准的规定，并应有产品合格证书。

6.3　施工要点

6.3.1　基层表面应平整，不得有松动、空鼓、起砂、开裂等缺陷，含水率应符合防水材料的施工要求。

6.3.2　地漏、套管、卫生洁具根部、阴阳角等部位，应先做防水附加层。

6.3.3　防水层应从地面延伸到墙面，高出地面100 mm；浴室墙面的防水层不得低于1 800 mm。

6.3.4　防水砂浆施工应符合下列规定：

①防水砂浆的配合比应符合设计或产品的要求，防水层应与基层结合牢固，表面应平整，不得有空鼓、裂缝和麻面起砂，阴阳角应做成圆弧形。

②保护层水泥砂浆的厚度、强度应符合设计要求。

6.3.5　涂膜防水施工应符合下列规定：

①涂膜涂刷应均匀一致，不得漏刷。总厚度应符合产品技术性能要求。

② 玻纤布的接槎应顺流水方向搭接,搭接宽度应不小于100 mm。两层以上玻纤布的防水施工,上、下搭接应错开幅宽的1/2。

项目验收标准

1　普通防水验收标准

1.1　防水施工宜用于涂膜防水材料。

1.2　防水材料性能应符合国家现行有关标准的规定,并应有产品合格证书。

1.3　基层表面应平整,不得有空鼓、起砂、开裂等缺陷。基层含水率应符合防水材料的施工要求。防水层应从地面延伸到墙面,高出地面250 mm。浴室墙面的防水层高度不得低于1 800 mm。

1.4　防水水泥砂浆找平层与基础结合密实,无空鼓,表面平整光洁、无裂缝、起砂,阴阳角做成圆弧形。

1.5　涂膜防水层涂刷均匀,厚度满足产品技术规定的要求,一般厚度不少于1.5 mm不露底。

1.6　使用施工接茬应顺流水方向搭接,搭接宽度不小于100 mm,使用两层以上玻纤布上下搭接时应错开幅宽的二分之一。

1.7　涂膜表面不起泡、不流淌、平整无凹凸,与管件、洁具地脚、地漏、排水口接缝严密收头圆滑不渗漏。

1.8　保护层水泥砂浆厚度、强度必须符合设计要求,操作时严禁破坏防水层,根据设计要求做好地面泛水坡度,排水要畅通、不得有积水倒坡现象。

1.9　防水工程完工后,必须做24 h盛水试验。

2　二次防水验收标准

二次防水:二次防水一般指有沉箱的卫生间,在沉箱做一次防水后,安装好管道,然后回填好后再做一次防水。如果是一次重复做二道防水,一般称为二道防水。

2.1　地面二次防水制作、试水要求与验收标准:

先将原地面清理干净后,用水泥＋防水剂进行地面扫平,地面光滑后,设置二次排水地漏及排水口;用水泥＋砂＋陶粒(或轻质材料)按1:2:4比例喷水进行回填至二次排水地漏口(要求设置二次排水时,周边水泥找平层一定要高出二次地漏30 mm以上);在二次排水口设置好后,进行防水制作,在防水干透后,堵好出水口,进行第一次试水72 h(此第一次试水是为二次排水表面防水处理验收的重要标准);在第一次试水无渗水现象后,用水泥＋砂＋陶粒(或轻质材料)按1:2:4比例进行填平到地面表皮层,找平(留表皮层30～50 mm作为地面铺砖层),并进行地面二次防水制作(与上面工艺要求一样)。在进行地面铺砖前,需对找平的地面进行防水处理,做好标识进行试水72 h(此第二次试水是验收表面防水处理的重要标准)。

两次试水均要做好标识,并在试水结束前,一定要进行标识确认以及现场查看(最好在物业单位协助下,到楼下层查看有无渗水迹象),在确认无渗水后,方可进行表面瓷砖铺贴。

2.2　墙面防水工程及验收标准:

先对施工面进行检查,在平整、空鼓、砂眼、开裂等现象处理好后,用防水剂＋水泥调成稀糊状进行粉刷一遍,再用纯防水剂粉刷一遍;在防水干透后,用水浇防皮层,表皮层水成珠状向下流动,墙面无潮湿现象,表明防水达到要求。

2.3　二次防水验收注意事项:

地漏、套管、卫生洁具根部、阴角、阳角等部位,应先做防水附加层;地面防水层应从地面延伸到墙面,高出地面 300 mm 以上,厨房、卫生间墙面防水层不得低于 1 800 mm 高度;设置二次排水表皮层与地漏,需低于铺砖位表皮层 250 mm 以上,并成锅状设置。

3　给排水验收标准

3.1　给排水管材、管件的质量必须符合标准要求,排水管应采用硬质聚氯乙烯排水管材、件。

3.2　施工前需检查原有的管道是否畅通,然后再进行施工,施工后再检查管道是否畅通。隐蔽的给水管道应经通水检查,新装的给水管道必须按有关规定进行加压试验,应无渗漏,检查合格后方可进入下道工序施工。

3.3　排水管道应在施工前对原有管道临时封口,避免杂物进入管道。

3.4　管外径在 25 mm 以下给水管的安装,管道在转角、水表、水龙头或角阀及管道终端的 100 mm 处应设管卡,管卡安装必须牢固。管道采用螺纹连接,在其连接处应有外露螺纹,安装完毕应及时用管卡固定。管材与管件或阀门之间不得有松动。

3.5　安装的各种阀门位置应符合设计要求,便于使用及维修。

3.6　所有接头、阀门与管道连接处应严密,不得有渗漏现象,管道坡度应符合要求。

3.7　各种管道不得改变管道的原有性质。

3.8　管道应使用专用工具安装,在装接时管口处必须用标准绞刀在铝塑管上作开坡口处理,防止损坏铜接头内部双层护圈,不得出现渗漏。

3.9　管道与管道、阀门连接处应严密,管道采用螺纹连接,在连接处应有外露螺纹,安装完毕应及时用管卡固定,不得有渗漏现象。

3.10　阀门、水龙头安装位置宜端正,使用灵活方便,出水畅通无阻,水表运转正常。在满足使用的前提下,阀门、水表等可处于相对隐蔽的位置或适当进行表面装饰。

任务二 ▶ 楼顶露台防水施工

 任务描述

在装修前防水工程是最重要的隐蔽工程之一,防水工程出现质量问题,就意味着面层装修必须全部推倒重来,意味着住宅的楼下将渗漏,业主需要承担巨大的财产和精神损失。了解和掌握防水工程将为整体工程做好良好的铺垫。所以今天设计师小李向老王着重介绍了防水施工的细节。

 任务分析

防水工程是室内装饰工程的初始工程,也是一项基础工程,一定要严格按照设计标准施工。本案露台面积不大,但是管道多,有地漏、上下水管,大部分位于墙边、转角处,防水施工难度大。为了做好防水工程,必须明确防水工程的材料和操作流程。

施工方法与步骤

一、工具的准备

准备的机械器具包括汽油喷灯(3.5 L)、刷子、压子、剪子、卷尺、扫帚等。

二、材料的准备

准备的材料为弹性体改性沥青防水卷材(SBS 卷材)。

注意:要使用合格、满足环保要求的材料。

三、施工过程

1. 铺贴卷材

(1) 基层处理。基层为水泥砂浆找平层,基层必须坚实平整,不能有松动、起鼓、面层凸起或粗糙不平等现象,否则必须进行处理。

(2) 测试卷材。基层必须干燥,含水率要求在9%以内,测试时在基层表面放一块卷材,经

3~5 h后,如其下表面基本无水珠时即可施工。

(3)涂刷冷底子油。在施工前要认真清扫基层表面上残留的水泥砂浆残渣、灰尘及杂物,然后涂刷底油,要求涂刷均匀一致,一次涂好,干燥8 h以上(以气温而定,不粘脚为宜)。

(4)复杂部位处理。阴阳角部位均应做成八字形,对女儿墙、管根、烟筒、排气孔及落水口、伸缩缝等拐角部位均应做附加层,一般宽为30 cm,搭接为6~8 cm。

2. 卷材的铺贴、搭接

(1)铺设卷材。铺贴卷材前,要量好要施工的防水面积,然后根据材料尺寸合理使用材料,从最低处开始铺贴,先将卷材按位置放正,长边留出8 cm接茬、短边留出10 cm接茬。然后点燃喷灯对准卷材底面及基层表面同时均匀加热(喷灯嘴距卷材表面约30 cm为宜),待卷材表面熔化后,随即向前滚铺卷材,并把卷材压实压平。

(2)刮平卷材。铺卷材用刮板排气压实,排出多余的胶剂。接茬部分以压出熔化沥青为宜,滚压时不要卷入空气和异物,并防止偏斜、起鼓和褶皱。

(3)密封严实。最后再用喷灯和压子均匀细致地把接缝封好,防止翘边。

楼顶露台防水施工如图2-9~图2-14所示。

图2-9 基层处理

图2-10 材料准备

图 2-11　卷材量尺下料

图 2-12　铺贴附加层

图 2-13　复杂部位处理

图 2－14 密封严实

一、各类防水材料

1. 溶剂型防水涂料

在这类涂料中,作为主要成膜物质的高分子材料溶解于有机溶剂中,成为溶液。高分子材料以分子状态存于溶液(涂料)中。

该类涂料具有以下特点:通过溶剂挥发,经过高分子物质分子链接触、搭接等过程而结膜;涂料干燥快,结膜较薄而致密;生产工艺较简易,涂料储存稳定性较好;易燃、易爆、有毒,生产、储存及使用时要注意安全;由于溶剂挥发快,施工时对环境有污染。

2. 水乳型防水涂料

这类防水涂料作为主要成膜物质的高分子材料以极微小的颗粒(而不是呈分子状态)稳定悬浮(而不是溶解)在水中,成为乳液状涂料。

该类涂料具有以下特性:通过水分蒸发,经过固体微粒接近、接触、变形等过程而结膜;涂料干燥较慢,一次成膜的致密性较溶剂型涂料低,一般不宜在 5 ℃以下施工;储存期一般不超过半年;可在稍为潮湿的基层上施工;无毒、不燃,生产、储运、使用比较安全;操作简便,不污染环境;生产成本较低。

3. 反应型防水涂料

在这类涂料中,作为主要成膜物质的高分子材料系以预聚物液态形状存在,多以双组分或单组分构成涂料,几乎不含溶剂。

此类涂料具有以下特性:通过液态的高分子预聚物与相应物质发生化学反应,变成固态物(结膜);可一次性结成较厚的涂膜,无收缩,涂膜致密;双组分涂料需现场 1∶2 用料为准;搅拌均匀,才能确保质量;价格较贵。

二、 防水涂料的基本特点

（1）防水涂料在常温下呈黏稠状液体,经涂布固化后,能形成无接缝的防水涂膜。

（2）防水涂料特别适宜在立面、阴阳角、穿结构层管道、凸起物、狭窄场所等细部构造处进行防水施工,固化后能在这些复杂部件表面形成完整的防水膜。

（3）防水涂料施工属冷作业,操作简便,劳动强度低。

（4）固化后形成的涂膜防水层自重轻,轻型薄壳等异型屋面大多采用防水涂料进行施工。

（5）涂膜防水层具有良好的耐水、耐候、耐酸碱特性和优异的延伸性能,能适应基层局部变形的需要。

（6）涂膜防水层的拉伸强度可以通过加贴胎体增强材料来得到加强,对于基层裂缝、结构缝、管道根等一些容易造成渗漏的部位,极易进行增强、补强、维修等处理。

（7）涂膜防水一般依靠人工涂布,其厚度很难做到均匀一致。所以施工时要严格按照操作方法重复多遍涂刷,以保证单位面积内的最低使用量,确保涂膜防水层的施工质量。

（8）采用涂膜防水,维修比较方便。

三、 防水施工原则

（1）做防水前,一定要把需要做防水的墙面和地面打扫干净,否则,再好的防水剂也起不到防水的作用。

（2）一般的墙面防水剂要刷到 30 cm 的高度。

（3）如果墙面背后有柜子或其他家具的,至少要刷到 1.8 m 的高度,最好整面墙全刷。

（4）地面要全部刷到,而且必须等第一遍干了后,才能刷第二遍。重点位置如墙角,要多刷 1～2 遍。

（5）防水做完了,还要"开闸放水",做盛水试验。盛水试验需要 24 h,主要观察周围墙面有无渗水现象,若有,需要返工,重做防水。

四、 防水施工

1. 管道施工

首先确定好上下水管道穿楼板预留洞的位置。如偏离预留位置,应尽早调整。地漏高度低于面层 5 mm 左右。在套管周围及楼地面层上做阻水带。

2. 楼板堵洞

全部管道安装完并确认无改动后,开始楼板堵洞。孔洞如过小应适当剔凿,保证管道与孔洞边缘有 30～50 mm 的缝隙,孔洞周边用油膏的紧密粘接处理,防止出现缝隙,然后做闭水试验,确保不出现漏水。

3. 抹找平层

采用防水砂浆。抹前基层应清理干净,并提前浇水湿润,但不得有积水。找平层应平顺、不空鼓、不开裂并应找好坡度。

4. 涂刮防水层

采用聚氨酯防水涂料,该涂料收缩小,易形成较厚的防水涂膜层,易在复杂基层表面施工,端部收头容易处理,整体性强,延伸性好,强度较高,在一定范围内对基层裂缝有较强的适应性,可冷施工,操作简单,但易燃、有毒。施工后应至少有7天自然干燥的养护时间,并认真做好成品保护,如发现破损应及时修补。

5. 盛水试验

防水涂层施工完毕要做盛水试验。蓄水深度在地面最高处应有20 mm的积水。24 h后检查是否渗漏。如有渗漏要立即返修,再进行第二次盛水试验,直到不渗漏为止。

6. 保护层施工

保护层施工时应避免破坏防水层。卫生间地面坡度要准确、平顺、排水通畅。坡度不宜＜2%。特别指出施工过程中应禁止打开地漏、下水口的封堵,更不能使用,以免造成堵塞。

7. 执行强制性条文

条文规定,厕浴间和有防水要求的建筑地面必须设置防水隔离层。卫生间楼板四周除门洞外,应做混凝土翻边,其高度不应小于120 mm,施工时结构层标高和预留孔洞位置应准确,严禁乱凿洞。

任务实操

技能训练

1. 虚拟实训

登录上海市级精品课程2.0"建筑装饰工程施工"网站(http://180.167.24.37:8085),进入相应的仿真施工项目训练。

2. 真实实训

通过对楼顶露台防水施工项目的学习与了解,在现场对楼顶露台防水施工项目进行实操训练。

(1)分组练习。每5人为一个小组,按照施工方法与步骤认真进行技能实操训练。

(2)组内讨论、组间对比。组员之间可就有关施工的方法、步骤和要求进行相互讨论与观摩,以提高实操练习的质量与效率。

项目施工规范

参考《住宅装饰装修工程施工规范》(GB 50327—2001)相关内容。

项目验收标准

参考《上海市住宅装饰装修验收标准》(DB 31/30—2003)相关内容。

项目三

发现瓷砖铺贴的秘密

本项目对室内装饰项目中的瓷砖铺贴进行教学，主要讲解墙面、地面瓷砖铺贴任务。 瓷砖铺贴是对墙、地面的室内装饰施工项目。 这里主要介绍瓷砖薄贴法，薄贴法的最大优点是减少瓷砖的空鼓率、保障瓷砖使用更为长久。 本项目依据规范及验收标准进行选编，列举室内装饰施工的典型性工作任务进行讲解。

● 任务　贴砖铺砖

任务 ▶ 贴砖铺砖

在完成防水工程后老王将选择室内外铺贴地面和墙面砖。对于瓷砖的选择，老王尊重王太太的意见，但是老王对于工程的施工不太清楚，这次来到公司询问，设计师小李向老王介绍了瓷砖的鉴别方法及贴砖铺砖工程的流程，打消了老王对工程质量的疑惑。

室内墙面、地面铺贴瓷砖是一般家庭的普遍选择，贴砖铺砖工程是泥工进场后的主要工作，砖面铺贴是否平整、勾缝是否整齐、磨边技巧等决定整体墙地面的效果和使用。

 任务分析

室内多处墙面、地面铺贴了瓷砖，贴砖铺砖工程是泥工进场后的主要工作，在这里介绍贴砖铺砖，对大家了解材料的种类、性能和工艺，以及如何挑选不同材质和图案的地砖和墙砖都有较大的帮助。

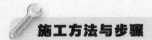 **施工方法与步骤**

施工流程：基层处理→做找平层（做灰饼、冲筋）→做防水层→抹结合层砂浆→铺贴地砖→擦缝→清洁→养护。

一、工具的准备

所准备工具包括瓷砖切割机、吸盘、平锹、铁抹子、橡皮锤、小线、水平尺等（图3-1）。

二、材料的准备

所准备材料包括如下：

（1）水泥。32.5级以上普通硅酸盐水泥或矿渣硅酸盐水泥。

（2）砂。粗砂或中砂，含泥量不大于3%，过8 mm孔径的筛子。

（3）地砖。验收合格后，在施工前将有质量缺陷的先剔除，挑选后分别码放在垫木上。

三、施工过程

需要准备的工具如图 3-1 所示。

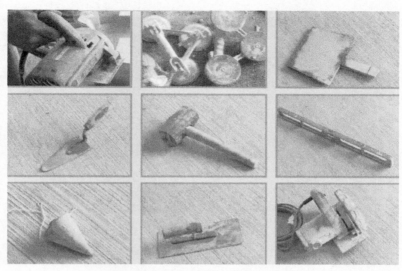

图 3-1　工具准备

1. 基层处理、定标高

（1）将基层表面的浮土或砂浆铲掉，清扫干净。

（2）根据 +50 mm 水平线和设计图纸找出地面标高，做找平层。

（3）根据排砖图及缝宽在地面上弹纵横控制线。

2. 切割地砖

根据地砖铺贴要求，利用工具切割地砖。

3. 抹结合层

一般采用水泥砂浆结合层，厚度为 10～25 mm；铺设厚度以放上面砖时，高出面层标高线 3～4 mm 为宜，铺好后用大杠尺刮平，再用抹子拍实找平（铺设面积不得过大）。

4. 背面抹砂浆

铺贴时，砖的背面朝上抹黏结砂浆，铺贴到已刷好的水泥砂浆找平层上。

5. 铺贴地砖

铺贴时，砖上棱略高出水平标高线，找正、找直、找方后，用橡皮锤拍实，顺序从内退着往外铺贴，做到面砖砂浆饱满、相接紧密、结实。

6. 拨缝、修整

铺完 2～3 行，应随时拉线检查缝格的平直度，如超出规定应立即修整，将缝拨直，并用橡皮锤拍实。

7. 勾缝、擦缝

面层铺贴应在 24 h 后进行勾缝、擦缝的工作，并应采用同品种、同标号、同颜色的水泥，或用专门的嵌缝材料。

贴砖铺砖工程如图 3-2～图 3-10 所示。

图 3-2 材料准备

图 3-3 基层处理、定标高

图 3-4 切割瓷砖

图 3–5　抹结合层

图 3–6　背面抹砂浆

图 3–7　铺贴地砖

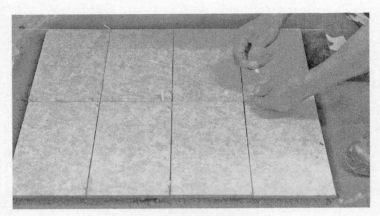

图 3-8 拔缝、修整

图 3-9 勾缝、擦缝

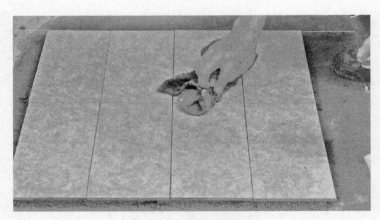

图 3-10 表面清洁养护

 知识储备

一、瓷砖的挑选及质量鉴别

1. 瓷砖选购前的准备工作

作为一个普通的消费者,大家在选购瓷砖时往往会感到很茫然,不知道做何选择。在下订单前要注意哪些问题呢?

(1) 预算中容易被忽视的环节。现在大家对瓷砖的价格都比较敏感,在采购时都会特别注意,但是在最后订购时却发现还是会大大的超支,这是什么原因呢? 其实这就是在做预算时忽略了一些环节。墙砖:由于墙砖配套的花砖和腰线都是单独计算,所以在市场上咨询、采购时不仅要记砖的价格,同时要记配套的花砖和腰线的价格。地砖:除了砖本身的价格之外,还应注意踢脚线的价格。铺设地砖时是否要做地拼花、有无特殊加工的地方都得考虑。

(2) 确定什么样的砖是好砖。现在大家普遍认为知名品牌的产品是最好的,其实我个人认为这种观点是值得怀疑的。知名的产品也好,非知名的产品也罢,适合自己的砖才是最好的。打个比方,800 mm×800 mm 地砖铺起来大气,但是家里客厅只有 20 m² 左右的话,就不适用。所以,适用的瓷砖产品才是最好的。

(3) 多向朋友咨询,了解产品的性价比。大家可以通过各种途径多了解瓷砖方面的知识和选购的技巧。

(4) 不要忽视了对商家实力、售后服务的考察。在选购产品时除了考虑产品的品牌、价格等因素之外,千万不要忽视对商家实力、售后能力的考察。一个丁点小的门面,十来个牌子的店铺里面的东西你敢选择吗? 你能指望他的售后服务有多好吗? 所以尽量选择那些实力大、操作规范的商家订购产品。同时,对于售后方面的问题更要不厌其烦地问清楚,退补货问题、质量问题的解决方式等,做到清清楚楚。没有哪个品牌的产品不会出质量问题,只有把这些落实清楚之后,方可下单,以做到防患于未然。

2. 如何鉴别瓷砖

主要通过"看、掂、听、拼、试"几个简单的方法来加以选择。现具体介绍如下。

1) 看

查看瓷砖的表面质量,下面按照釉面砖和玻化砖两个方面来介绍:

(1) 釉面砖。主要是看瓷砖表面是否有黑点、气泡、针孔、裂纹、划痕、色斑、缺边、缺角等表面缺陷。

(2) 玻化砖。玻化砖除了看砖面是否有黑点、气泡、针孔、裂纹、划痕、色斑、缺边、缺角等表面缺陷,还要注意是否有漏抛、漏磨等缺陷。查看底胚商标标记,如果没有或者特别模糊的,建议慎选。

玻化砖和普通抛光砖的鉴别方法从外观上很难分别,具体操作方法是:

(1) 敲击听声音:用一只手悬空提起瓷砖的边或角,另一只手敲击瓷砖中间,发出的声音浑厚且回音绵长(如敲击铜钟所发出的声音)的瓷砖为玻化砖;如发出的声音浑浊、无回音或回音较小且短促说明瓷砖的瓷化程度较差,瓷砖的胚体原料颗粒大小不均、密度较小,此种为普通抛光砖。

(2) 试手感:相同规格、相同厚度的瓷砖,手感重的为玻化砖,手感轻的为普通抛光砖。超微粉的玻化砖如何辨别? 首先超微粉的砖是玻化砖,可以通过玻化砖鉴别方法鉴别。

(3) 超微粉的玻化砖有一个最显著的特点就是:同一型号的产品每一片的花纹都不同,看起来却非常细腻自然,根本不会有色差。

2) 掂

掂分量,同一规格、厚薄相同的瓷砖,质量好的密度高、手感沉,质量次的手感轻。

3) 听

敲击瓷砖,通过听声音来鉴别瓷砖的好坏,敲击方法如下:

(1) 墙砖或者小规格瓷砖。一般是用一只手五指分开,托起瓷砖,另一只手敲击瓷砖面部,如果发出的声音有金属质感,瓷砖的质量较好;如果发出的声音没有金属质感,瓷砖质量较差。

(2) 大地砖(客厅等地面是使用的玻化砖或者仿古砖)。一只手提起瓷砖的一边,用另一只手的手心上部敲击瓷砖中部,如果发出的声音浑厚且回音绵长如敲击铜钟之声,则瓷砖的瓷化程度较高,耐磨性强,抗折强度高,吸水率低,不易受污染;若声音浑浊,没有回音,则瓷化程度低(甚至存在裂纹),瓷砖的胚体煅烧不充分,耐磨性差,抗折强度低,吸水率也会高一些,这样的玻化砖极易受污染。

4) 拼

将相同规格型号的产品随意取出 4 片,进行拼铺,检查瓷砖的平整度问题,瓷砖的直角度都是直角,如出现四片砖不能接缝紧密,说明瓷砖的直角度不好。

5) 试

测试瓷砖防滑性,在砖面上加水和不加水两种情况都试一下。

二、陶瓷品的种类

1. 按材料分类

(1) 马赛克:玻璃马赛克(原材料为玻璃)、陶瓷马赛克。

(2) 玻化砖。

(3) 仿古砖。

2. 按吸水率分类

(1) 陶质:吸水率≥6%,主要用于墙面装饰。

(2) 半陶半瓷:指吸水率≥3%而<6%的陶瓷产品。

(3) 全瓷:指吸水率<3%,可以广泛应用于墙地面装饰。

3. 按使用场合分类

（1）内墙砖。用于室内墙面的陶瓷材料。

（2）地砖。用于地面的陶瓷产品。

（3）外墙砖。用于建筑外墙面和阳台的陶瓷材料。

（4）广场砖。用于户外大型广场和人行道等场所的陶瓷产品。

当然，这种分类方式也不是完全固化的，如玻化砖可以作为地砖，也可以用于内墙，甚至用于外墙，但是釉面内墙砖不适合用于地面，主要是它的耐磨性较差。

三、瓷砖的特点

目前市场上瓷砖的品种多得让人眼花缭乱，下面来看看它们各自的特点。

1. 釉面砖

1）分类

顾名思义，釉面砖就是砖的表面经过烧釉处理。

（1）根据原材料的不同分类，见表 3-1。

表 3-1 釉面砖分类

类　别	材　料	吸水率	强　度	主要特征
陶制釉面砖	陶土烧制而成	较高	相对较低	背面颜色为红色
瓷制釉面砖	瓷土烧制而成	较低	相对较高	背面颜色为灰白色

需要注意的是，上面所说的吸水率和强度的比较都是相对的，目前也有一些陶制釉面砖的吸水率和强度比瓷制釉面砖高。

（2）根据光泽的不同分类：

① 釉面砖。适合于打造"干净"的效果。

② 哑光釉面砖。适合于打造"时尚"的效果。

2）常见问题

釉面砖是装修中最常见的砖种，由于色彩图案丰富、防污能力强，被广泛使用于墙面和地面装修。常见的质量问题主要有两个方面：

（1）龟裂。龟裂产生的根本原因是坯与釉层间的应力超出了坯釉间的热膨胀系数之差。当釉面比坯的热膨胀系数大，冷却时釉的收缩大于坯体，釉会受到拉伸应力。当拉伸应力大于釉层所能承受的极限强度时，就会产生龟裂现象。

（2）背渗。不管哪一种砖，吸水都是自然的，但当坯体过于疏松时，就不仅是吸水的问题了，而是渗水泥的问题，即水泥的污水会渗透到表面。

3）常用规格

正方形釉面砖有 152 mm×152 mm、200 mm×200 mm 等规格，长方形釉面砖有 152 mm×

200 mm、200 mm×300 mm 等规格,常用的釉面砖厚度为 5 mm 和 6 mm。

2. 通体砖

通体砖的表面不上釉,而且正面和反面的材质和色泽一致,因此得名。

通体砖是一种耐磨砖,虽然现在还有渗花通体砖等品种,但相对来说,其花色比不上釉面砖。由于目前的室内设计越来越倾向于素色设计,因此通体砖也越来越成为一种时尚,被广泛使用于厅堂、过道和室外走道等装修项目的地面,一般较少使用于墙面。多数防滑砖属于通体砖。

通体砖常用的规格有 300 mm×300 mm、400 mm×400 mm、500 mm×500 mm、600 mm×600 mm、800 mm×800 mm 等。

3. 抛光砖

抛光砖就是通体砖坯体的表面经过打磨而成的一种光亮的砖,属于通体砖的一种。相对于通体砖而言,抛光砖的表面要光洁得多。抛光砖坚硬耐磨,适合在除洗手间、厨房以外的多数室内空间中使用。在运用渗花技术的基础上,抛光砖可以做出各种仿石、仿木效果。

抛光砖有一个致命的缺点——易脏,这是抛光砖在抛光时留下的凹凸气孔造成的。这些气孔会藏污纳垢,甚至一些茶水倒在抛光砖上造成的后果都回天无力。

一些质量好的抛光砖在出厂时都加了一层防污层,但这层防污层又使抛光砖失去了通体砖的效果。如果要保持通体砖的效果,就只好不刷防污层了。装修界也有在施工前打上水蜡以防玷污的做法。

抛光砖的常用规格是 400 mm×400 mm、500 mm×500 mm、600 mm×600 mm、800 mm×800 mm、900 mm×900 mm、1 000 mm×1 000 mm。

4. 玻化砖

为了解决抛光砖出现的易脏问题,市面上又出现了一种玻化砖。玻化砖其实就是全瓷砖。其表面光洁但又不需要抛光,所以不存在抛光气孔的问题。

玻化砖是一种强化的抛光砖,采用高温烧制而成,质地比抛光砖更硬、更耐磨。毫无疑问,价格也同样更高。

玻化砖主要是用作地面砖,常用规格是 400 mm×400 mm、500 mm×500 mm、600 mm×600 mm、800 mm×800 mm、900 mm×900 mm、1 000 mm×1 000 mm。

四、 铺贴地砖工程检测验收

(1) 表面洁净,纹路一致,无划痕、无色差、无裂纹、无污染、无缺棱掉角等现象。

(2) 地砖边与墙交接处缝隙合适,踢脚板能完全将缝隙盖住,宽度一致,上口平直。

(3) 地砖平整度用 2 m 水平尺检查,误差不得超过 2 mm,相邻砖高差不得超过 1 mm。

(4) 地砖粘贴时必须牢固,空鼓控制在总数的 5%,单片空鼓面积不超过 10%(主要通道上不得有空鼓)。

(5) 地砖缝宽 1 mm,不得超过 2 mm,勾缝均匀、顺直。

(6) 厨房、厕所的地坪不应高于室内走道或客厅地坪;最好比室内地坪低 10～20 mm。

(7) 有排水要求的地砖铺贴坡度应满足排水要求。有地漏的地砖铺贴泛水(一种极小的倾斜坡度)方向应指向地漏,与地漏结合处应严密牢固。

1. 虚拟实训

登录上海市级精品课程 2.0"建筑装饰工程施工"网站(http://180.167.24.37:8085),进入相应的仿真施工项目训练。

2. 真实实训

通过对瓷砖铺贴的学习与了解,在现场对铺贴地砖施工项目进行实操训练。

(1) 分组练习。每 5 人为一个小组,按照施工方法与步骤认真进行技能实操训练。

(2) 组内讨论、组间对比。组员之间可就有关施工的方法、步骤和要求进行相互讨论与观摩,以提高实操练习的质量与效率。

项目施工规范

摘自《住宅装饰装修工程施工规范》(GB 50327—2001):

12 墙面铺装工程

12.1 一般规定

12.1.1 本章适用于石材、墙面砖、木材、织物、壁纸等材料的住宅墙面铺贴安装工程施工。

12.1.2 墙面铺装工程应在墙面隐蔽及抹灰工程、吊顶工程已完成并经验收后进行。当墙体有防水要求时,应对防水工程进行验收。

12.1.3 采用湿作业法铺贴的天然石材应作防碱处理。

12.1.4 在防水层上粘贴饰面砖时,黏结材料应与防水材料的性能相容。

12.1.5 墙面面层应有足够的强度,其表面质量应符合国家现行标准的有关规定。

12.1.6　湿作业施工现场环境温度宜在5℃以上;裱糊时空气相对湿度不得大于85%,应防止湿度及温度剧烈变化。

12.2　主要材料质量要求

12.2.1　石材的品种、规格应符合设计要求,天然石材表面不得有隐伤、风化等缺陷。

12.2.2　墙面砖的品种、规格应符合设计要求,并应有产品合格证书。

12.2.3　木材的品种、质量等级应符合设计要求,含水率应符合国家现行标准的有关要求。

12.2.4　织物、壁纸、胶黏剂等应符合设计要求,并应有性能检测报告和产品合格证书。

12.3　施工要点

12.3.1　墙面砖铺贴应符合下列规定:

① 墙面砖铺贴前应进行挑选,并应浸水2 h以上,晾干表面水分。

② 铺贴前应进行放线定位和排砖,非整砖应排放在次要部位或阴角处。每面墙不宜有两列非整砖,非整砖宽度不宜小于整砖的1/3。

③ 铺贴前应确定水平及竖向标志,垫好底尺,挂线铺贴。墙面砖表面应平整、接缝应平直、缝宽应均匀一致。阴角砖应压向正确,阳角线宜做成45°角对接,在墙面突出物处,应整砖套割吻合,不得用非整砖拼凑铺贴。

④ 结合砂浆宜采用1:2水泥砂浆,砂浆厚度宜为6~10 mm。水泥砂浆应满铺在墙砖背面,一面墙不宜一次铺贴到顶,以防塌落。

12.3.2　墙面石材铺装应符合下列规定:

① 墙面砖铺贴前应进行挑选,并应按设计要求进行预拼。

② 强度较低或较薄的石材应在背面粘贴玻璃纤维网布。

③ 当采用湿作业法施工时,固定石材的钢筋网应与预埋件连接牢固。每块石材与钢筋网拉接点不得少于4个。拉接用金属丝应具有防锈性能。灌注砂浆前应将石材背面及基层湿润,并应用填缝材料临时封闭石材板缝,避免漏浆。灌注砂浆宜用1:2.5水泥砂浆,灌注时应分层进行,每层灌注高度宜为150~200 mm,且不超过板高的1/3,插捣应密实。待其初凝后方可灌注上层水泥砂浆。

④ 当采用粘贴法施工时,基层处理应平整但不应压光。胶黏剂的配合比应符合产品说明书的要求。胶液应均匀、饱满的刷抹在基层和石材背面,石材就位时应准确,并应立即挤紧、找平、找正,进行顶、卡固定。溢出胶液应随时清除。

项目验收标准

摘自《上海市住宅装饰装修验收标准》(DB 31/30—2003):

7　镶贴

7.1　墙面镶贴

7.1.1　基本要求

7.1.1.1　镶贴应牢固,表面色泽基本一致,平整干净,无漏贴错贴;墙面无空鼓,缝隙均匀,周边顺直,砖面无裂纹、掉角、缺棱等现象,每面墙不宜有两列非整砖,非整砖的宽度宜不小于原砖的三分之一。

7.1.1.2　墙面安装镜子时,应保证其安全性,边角处应无锐口或毛刺。

7.1.1.3　卫生间、厨房间与其他用房的交接面处应做好防水处理。

7.1.2　验收要求和方法

墙面镶贴验收应按表5的规定进行。

表5　墙面镶贴验收要求及方法　　　　　　　　　　　　　(mm)

序号	项目	质量要求及允许偏差		验收方法		项目分类
		石材	墙面砖	量具	测量方法	
1	镜子	符合7.1.1.2的要求		目测/手感	全检	A
2	外观	符合7.1.1.1的要求		目测		B
3	空鼓ª	不允许		小锤轻击		B
4	表面平整度	≤4.0	≤3.0	建筑用电子水平或2m靠尺、塞尺		C
5	立面垂直度	≤3.0	≤2.0	建筑用电子水平尺或2m垂直检测尺		C
6	阴阳角方正	≤3.0	≤3.0	建筑用电子水平尺或直角检测尺	每室随选取一墙面,测量两处取最大值	C
7	接缝高低差	≤1.0	≤0.5	钢直尺、塞		C
8	接缝直线度	≤3.0	≤2.0	5m拉线、钢直尺		C
9	接缝宽度	≤1.0	≤1.0	钢直尺		C

注:a.空鼓面积不大于该墙砖面积的15%时,不作空鼓计。

7.2　地面镶贴

7.2.1　基本要求

7.2.1.1　镶贴应牢固,表面平整干净,无漏贴错贴;缝隙均匀,周边顺直,砖面无裂纹,掉角、缺棱等现象,留边宽度应一致。

7.2.1.2   用小锤在地面砖上轻击,应无空鼓声。

7.2.1.3   厨房、卫生间应做好防水层,与地漏结合处应严密。

7.2.1.4   有排水要求的地面镶贴处坡度应满足排水设计要求,与地漏结合严密牢固。

7.2.2   验收要求和方法

地面镶贴验收应按表6的规定进行。

表6   地面镶贴验收要求方法   （mm）

| 序号 | 项目 | 质量要求及允许偏差 | 验收方法 | | 项目分类 |
			量具	测量方法	
1	外观	符合 7.2.1.1 的要求	目测	全检	B
2	空鼓	不允许	小锤轻击		B
3	表面平整度	≤2.0	建筑用电子水平尺或2m靠尺、楔形塞尺	每室测量两处,取最大值	C
4	接缝高低差	≤0.5	钢直尺,楔形塞尺		C
5	接缝直线度	≤3.0	5m拉线钢直尺		C
6	间隙宽度	≤2.0	钢直尺		C
7	排水坡度	坡度应＞2%,并满足排水要求,应无积水现象	建筑用电子水平尺或泼水试验	全检	C

项目四

顶面的基础——吊顶安装

　　本项目对室内装饰项目中的吊顶安装进行教学，主要讲解顶面铝扣板安装任务。 室内铝扣板吊顶安装主要集中在厨房、卫生间、办公室、公共空间等，当今装饰吊顶的安装往往也使用轻钢龙骨作基础，所以这里介绍了轻钢龙骨吊装、铝扣板饰面安装的内容。 本项目依据规范及验收标准进行选编，列举室内装饰施工的典型性工作任务进行讲解。

● 任务　　吊顶安装

任务 ▶ 吊顶安装

任务描述

　　一般装修方案中涉及的天花吊顶有厨房、卫生间吊顶,客厅和各房间吊顶,主要以平面和迭级天花为主,配合室内整体设计风格,进行材料的使用和制作。老王夫妇就设计图纸与设计师小李探讨了天花吊顶的材料、造型和施工做法。吊顶工艺属于隐蔽工程的一部分,其龙骨结构的用材和施工的工艺水平决定了吊顶是否会开裂、变形,是否很长时间都不会松动、脱落。

任务分析

　　吊顶是现代家庭装修常见的装饰手法。吊顶既具有美化空间的作用,也是区分室内空间一种方法。很多情况下,室内空间不能通过墙体、隔断来划分,那样会让空间显得很拥挤、很局促。设计上可以通过天花与地面来对室内空间进行区分,而天花所占的比例又很大。

　　人们往往把铝扣板比喻为"厨卫的帽子",因为它对厨房和卫生间具有更好的保护性能和美化装饰作用。目前,铝扣板行业已经在全国各大、中型城市全面普及,并已经成熟化、全面化。

施工方法与步骤

一、 工具的准备

　　所准备的工具如下(图 4-1):

　　(1) 电动机具。包括电锯、无齿锯、手电钻、冲击电锤、电焊机、自攻螺丝钻、手提圆盘踞、手提线锯机。

　　(2) 手动工具。包括射钉枪、拉铆枪、手锯、钳子、螺丝刀、扳子、钢尺、钢水平尺、线坠、桁架等。

图 4-1 工具准备

二、材料的准备

木材骨架料为松木龙骨大龙骨干、铝合金龙骨骨架。按设计要求选用各种纸面石膏板、细木工板、轻钢龙骨配件、条型扣板龙骨(图 4-2)。

松木龙骨大龙骨干　　　　　铝合金龙骨骨架　　　　　纸面石膏板

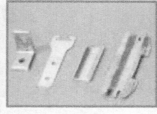

细木工板　　　　　　轻钢龙骨配件　　　　　条型扣板龙骨

图 4-2 材料准备

三、施工过程

(1) 根据图纸先在墙上、柱上弹出顶棚高水平墨线,在顶板上画出吊顶布局。

(2) 确定吊杆位置并与原预留吊杆焊接;采用 M8 膨胀螺栓在顶板上固定。

(3) 根据吊顶标高安装大龙骨,主龙骨间距一般为 1 000 mm,龙骨接头要错开,吊杆的方向也要错开,避免主龙骨向一边倾斜,待水平度调好后再逐个拧紧螺帽。开孔位置需将大龙骨加固。

(4) 根据板的规格确定中、小龙骨位置,中、小龙骨必须和大龙骨底面贴紧,安装垂直吊挂时应用钳夹紧,防止松紧不一。

(5) 螺钉头宜略埋入板内,并不得使纸面破损,钉眼应防锈。

(6) 在石膏板交接部分贴上美纹纸。

吊顶工程施工过程如图 4-3～图 4-6 所示。

图 4-3 材料准备

图 4-4 吊杆、主龙骨安装

图 4-5 边龙骨安装

图 4-6 铝扣板安装

 **知识储备**

一、吊顶材料的分类

天花吊顶的装修材料是区分天花名称的主要依据,主要有轻钢龙骨石膏板天花、石膏板天花、夹板天花、异形长条铝扣板天花、方形镀漆铝扣板天花、彩绘玻璃天花和铝蜂窝穿孔吸音板天花等。如用铝扣板做的天花,通常叫铝扣板天花。

1. 轻钢龙骨石膏板天花

石膏板是以熟石膏为主要原料掺入添加剂与纤维制成,具有质轻、绝热、吸声、不燃和可锯性等特点。石膏板与轻钢龙骨(由镀锌薄钢压制而成)相结合,便构成轻钢龙骨石膏板。轻钢龙骨石膏板天花有许多种类,包括纸面石膏板、装饰石膏板、纤维石膏板、空心石膏板条,且市面上有多种规格。目前来看,用轻钢龙骨石膏板天花作隔断墙的多,作造型天花的比较少。

2. 铝扣板龙骨

石膏板主龙骨、石膏板副龙骨铝扣板全部配套采用轻钢龙骨,由于铝扣板分条形和方块形两种,因此其配套龙骨也各不相同。

3. 木龙骨

家庭装修吊顶常用木龙骨,同时木龙骨也是隔墙的常用龙骨。木龙骨有各种规格,吊顶常用木龙骨规格为 30 mm×50 mm,常用木材有白松、红松、樟子松。

4. 硅钙板

硅钙板又称石膏复合板,它是一种多孔材料,具有良好的隔音、隔热性能。在室内空气潮湿时能吸收空气中水分子,空气干燥时又能释放水分子,可以适当调节室内干湿度,增加舒适感。石膏制品又是特级防火材料,在火焰中能产生吸热反应,同时释放出水分子阻止火势蔓延,而且不会分解产生任何有毒、侵蚀性、令人窒息的气体,也不会产生任何助燃物或烟气。

硅钙板与石膏板比较,在外观上保留了石膏板的美观,重量大大低于石膏板,强度远高于石膏板,彻底改变了石膏板易受潮变形的致命弱点,数倍地延长了材料的使用寿命。在消声息音及保温隔热等方面,也比石膏板有所提高。

5. 石膏板天花

多用于商业空间,普遍使用 600 mm×600 mm,工程上没有注明单位的长度,其单位均为毫米(mm)。有明骨和暗骨之分,龙骨常用铝或铁。

6. 铝塑板

铝塑板作为一种新型装饰材料,仅仅数年间,便因其经济性、可选色彩的多样性、便捷的施工方法、优良的加工性能、绝佳的防火性及优良的品质,迅速受到人们的青睐。

铝塑板常见规格为 1 220 mm×2 440 mm,颜色丰富,是室内吊顶、包管的上好材料。很多大楼的外墙和门面亦常以此为材料。

铝塑板分为单面和双面,由铝层与塑层组成,单面较柔软,双面较硬挺,家庭装修常用双面铝塑板。

7. 铝扣板

铝扣板是 20 世纪 90 年代出现的一种新型家装吊顶材料,主要用于厨房和卫生间的吊顶工程。由于铝扣板使用全金属打造,在使用寿命和环保能力上更优越于 PVC 材料和塑钢材料。目前,铝扣板已经成为整个家装工程中不可缺少的材料之一。

人们往往把铝扣板比喻为“厨卫的帽子”,是因为它对厨房和卫生间具有更好的保护性能和美化装饰作用。目前,铝扣板行业已经在全国各大、中型城市全面普及,并已经成熟化、全面化。

家装铝扣板在国内按照表面处理工艺分类主要分为喷涂铝扣板、滚涂铝扣板、覆膜铝扣板三大类,依次往后,使用寿命逐渐增大,性能增高。喷涂铝扣板正常的使用年限为 5～10 年,滚涂铝扣板为 7～15 年,覆膜铝扣板为 10～30 年。

铝扣板的规格有长条形、方块形、长方形等多种,颜色也较多,因此在厨卫吊顶中有很多选择。目前常用的长条形规格有 5 cm、10 cm、15 cm 和 20 cm 等;常用的方块形规格有 300 mm×300 mm、600 mm×600 mm 等,小面积多采用 300 mm×300 mm,大面积多采用 600 mm×600 mm。为使吊顶看起来更美观,可以宽窄搭配,多种颜色组合搭配。铝扣板的厚度有 0.4 mm、0.6 mm、0.8 mm 等多种,越厚的铝扣板越平整,使用年限也就越长。

8. PVC 板

PVC 吊顶型材以 PVC 为原料,经加工成为企口式型材,具有重量轻、安装简便、防水、防潮的特点。表面的花色图案变化非常多,并且耐污染、好清洗,有隔音、隔热的良好性能,成本低、装饰效果好,因此成为卫生间、厨房、阳台等吊顶的主导材料。但随着铝扣板和铝塑板的出现,PVC 板逐渐被取代,主要是因为 PVC 板较易老化、黄变。

9. 铝蜂窝穿孔吸音板天花

其结构为穿孔面板与穿孔背板,依靠优质胶黏剂与铝蜂窝芯直接粘接成铝蜂窝夹层结构,蜂窝芯与面板及背板间贴上一层吸音布。由于蜂窝铝板内的蜂窝芯被分隔成众多的封闭小室,阻止了空气流动,使声波受到阻碍,提高了吸声系数(可达到 0.9 以上),同时提高了板材自身强度,使单块板材的尺寸可以做到更大,进一步加大了设计自由度。适用于地铁、影剧院、电台、电视台、纺织厂和噪声超标的厂房以及体育馆等大型公共建筑的吸声墙板、天花吊顶板。

它的特点包括:

(1) 板面大、平整度高。

(2) 板材强度高、重量轻。

(3) 吸声效果佳、防火、防水。

(4) 安装简便,每块板可单独拆装、更换。

(5) 在尺寸、形状、表面处理和颜色等方面可根据客户需求定制,满足客户个性化需求。

10. 方形镀漆铝扣板天花（集成吊顶）

在西方建筑史上,建筑顶部的设计历来是建筑风格的象征,如拜占庭式、哥特式、巴洛克式、洛可可式等,因此人们在屋顶的装饰上也会花费更多的精力,这也是国外建筑风格多样化的原因之一。由于外国的很多高端建筑的室内顶部往往是圆弧形的,不太适合叫天花板,为示区别,那些具有特别建筑风格的室内屋顶就叫天花顶。

集成吊顶,本身就表示对传统吊顶的升级。集成吊顶就是将吊顶模块与电器模块均制作成标准规格的可组合式模块,安装时集成在一起。但千万不能小看这种"集成"的行为,这种"集成"的优点是十分明显的:

(1) 增加美观度。区别于以往厨卫吊顶上生硬地安装浴霸、换气扇或照明灯后的效果,集成吊顶安装完毕后不再是生硬组合,而是美观协调的顶部造型。

(2) 功能优化。取暖模块、照明模块、换气模块,可合理排布安装位置,克服了传统浴霸安装位置形同虚设,可将取暖模块安装在淋浴区正上方、照明模块安装在房间中间,洗手台的位置安装局部照明模块,换气模块安装在坐便器正上方,从而可使每一项功能都安放在最需要的空间位置上。

(3) 使用安全。传统的浴霸产品将很多功能硬性地结合为一身,并采用底壳包裹的形式,在使用过程中,由于功率非常高,机温也就随之升高,从而降低元器件的寿命。而集成吊顶各功能模块拆分之后,采用开放分体式的安装方式,使电器组件的寿命提升 3 倍以上。

(4) 以人为本。集成吊顶都是经过精心设计、专业安装来完成的,它的线路布置、通风、取暖效果也是经过严格的设计测试,一切以人为本。相比之下,传统的吊顶太随意,没有安全性可言。

（5）绿色节能。集成吊顶的各项功能是独立的,可根据实际的需求来安装暖灯位置与数量。传统吊顶均采用浴霸取暖,有很大局限性,取暖位置太集中,集成吊顶克服了这些缺点,取暖范围大且均匀,三个暖灯就可以达到浴霸四个暖灯的效果,绿色节能。

（6）自主选择、自由搭配。集成吊顶的各项功能组件是绝对独立的,可根据厨房、卫生间的尺寸、瓷砖的颜色、自己的喜好来选择需要的吊顶面板。另外,取暖模块、换气模块、照明模块都有多重选择,可自由搭配,在厨房、卫生间等容易脏污的地方使用。集成吊顶是目前的主流产品。

11. 彩绘玻璃天花

彩绘玻璃是以颜料直接绘于玻璃上,再烧烤完成,利用灯光折射出彩色的美感。其图案样式多,可作内部照明。但这种材料只适用于局部装饰,否则就像基督教的教堂了。

12. 软膜天花

软膜天花一种是由软膜、边扣条、硬质墙码条构成,另一种采用合金铝材料挤压成形。它有各种各样的形状,直的、弯的,可被切割成合适的形状后再装配在一起,并被固定在室内天花四周,以扣住膜材。软膜天花有以下类别:

（1）光面膜。有很强的光感,能产生类似镜面的反射效果。

（2）透光膜。呈乳白色,半透明,在封闭的空间内透光效果可达75%以上,能产生完美、独特的灯光装饰效果。

（3）哑光面。光感仅次于光面,但强于基本膜,整体效果较纯净、高档。

（4）鲸皮面。表面呈绒状,有优异的吸音性能,很容易营造出温馨的室内效果。

（5）金属面。具有强烈的金属质感,并能产生类似于金属光感,具有很强的观赏效果。

（6）孔状面。有 $\phi1$ mm、$\phi4$ mm、$\phi10$ mm 等多种孔径供选择。透气性能好,有助室内空气流通,并且小孔可按要求排列成所需的图案,具有很强的展示效果。

（7）基本膜。为软膜天花中较原始的一种类型,价格最低。表面类同普通油漆效果,适用于经济性装饰。

二、吊顶的形式

1. 平面式

平面式吊顶是指表面没有任何造型和层次,这种顶面构造平整、简洁、利落大方,用料也比其他吊顶形式节省,适用于各种居室的吊顶装饰。它常用各种类型的装饰板材拼接而成,也可以采取表面刷浆、喷涂、裱糊壁纸、墙布等（刷乳胶漆推荐石膏板拼接,便于处理接缝开裂）。用木板拼接要严格处理接口,一定要用水中胶或环氧树脂处理。

2. 凹凸式（通常叫造型顶）

凹凸式吊顶是指表面具有凹入或凸出构造处理的一种吊顶形式,这种吊顶造型复杂、富于变化、层次感强,适用于厅、门厅、餐厅等顶面装饰。它常常与灯具（吊灯、吸顶灯、筒灯、射灯等）

搭接使用。

3. 悬吊式

悬吊式是将各种板材、金属、玻璃等悬挂在结构层上的一种吊顶形式。这种天花富于变化动感，给人一种耳目一新的美感，常用于宾馆、音乐厅、展馆、影视厅等吊顶装饰。它常通过各种灯光照射产生别致的造型，充溢着光影的艺术趣味。

4. 井格式

井格式吊顶是一种利用井字梁因形利导或为了顶面的造型所制作的假格梁的吊顶形式。配合灯具以及单层或多种装饰线条进行装饰，用来丰富天花的造型或对居室进行合理分区。

5. 玻璃式

玻璃顶面是利用透明、半透明或彩绘玻璃作为室内顶面的一种形式，这种主要是为了采光、观赏和美化环境，可以做成圆顶、平顶、折面顶等形式，给人以明亮、清新、室内见天的神奇观感。

三、吊顶的设计要求

吊顶是用来遮挡结构构件及各种设备管道和装置，对于有声学要求的房间顶棚，其表面形状和材料应根据音质要求来考虑。吊顶是室内装修的重要部位，应结合室内设计进行统筹考虑，装设在顶棚上的各种灯具和空调风口应成为吊顶装修的有机整体，要便于维修隐藏在吊顶内的各种装置和管线。

吊顶应便于工业化施工，并尽量避免湿作业。

四、安装吊顶的注意事项

（1）现在室内装修吊顶工程中，大多采用的是悬挂式吊顶，首先注意选材，然后要严格按照施工规范操作，安装时必须位置正确、连接牢固。用于吊顶、墙面、地面的装饰材料应是不燃或难燃材料，木质材料属易燃型，因此要做防火处理。吊顶里面一般都要敷设照明、空调等电气管线，应严格按规范作业，以避免存在火灾隐患。

（2）暗架吊顶要设检修孔。在家庭装饰中吊顶一般不设置检修孔，觉得影响美观，殊不知一旦吊顶内管线设备出了故障就无法检查确定是什么部位、什么原因，更无法修复，因此对于敷设管线的吊顶还是设置检修孔为好，可选择设在比较隐蔽易检查的部位，并对检修孔进行艺术处理，譬如与灯具或装饰物相结合设置。

（3）厨房、卫生间吊顶宜采用金属、塑料等材质。卫生间是沐浴洗漱的地方，厨房要烧饭炒菜，尽管安装了抽油烟机和排风扇，仍然无法把蒸气全部排掉，易吸潮的饰面板或涂料就会出现变形和脱皮。因此要选用不吸潮的材料，一般宜采用金属或塑料扣板，如采用其他材料吊顶，应采取防潮措施，如刷油漆等。

（4）玻璃或灯箱吊顶要使用安全玻璃。用色彩丰富的彩花玻璃、磨砂玻璃做吊顶很有特色，在家居装饰中应用也越来越多，但是如果用料不妥，就容易发生安全事故。为了使用安全，在吊顶和其他易被撞击的部位应使用安全玻璃。目前,我国规定钢化玻璃和夹胶玻璃为安全玻璃。

五、吊顶工程材料构成图

吊顶工程材料构成如图4-7所示。

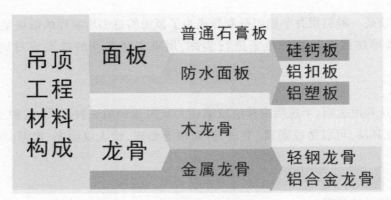

图4-7　吊顶工程材料构成

六、吊顶工程质量通病的防治方法

1. 龙骨的纵横方向线条不平直

龙骨安装后,在纵横方向上不平直,出现扭曲歪斜,或者高低错位、起拱不均匀、凹凸变形等现象,其原因和相应的防治方法见表4-1。

表4-1　龙骨的纵横方向线条不平直的产生原因和防治方法

项次	产 生 原 因	防 治 方 法
1	龙骨受扭折发生变形	凡是受到扭折的龙骨不采用
2	未拉十字通线,全面调整主、次龙骨的高低位置	拉十字通线,逐条调整龙骨的高低和线条平直
3	吊杆的位置不正确、牵拉力不均匀	严格按照设计要求弹线,确定龙骨吊点的位置;主龙骨端部或者接长部位增设吊点,吊点间距不宜大于1 200 mm
4	控制吊顶的水平标高线误差超出允许范围,龙骨起拱度不符合规定	前面的水平标高线应弹设正确,吊顶中间部分按照要求起拱

2. 纸面石膏板吊顶表面不平整

纸面石膏板吊顶表面不平整,其原因和相应的防治方法见表4-2。

表 4-2　纸面石膏板吊顶表面不平整的产生原因和防治方法

项次	产 生 原 因	防 治 方 法
1	龙骨没调平就安装饰面板	龙骨必须调整平直,将各紧固件紧固稳妥后,方能安装饰面板
2	在龙骨上悬吊设备或大型灯具等重物	不得在龙骨上悬吊设备,应该将设备直接固定在结构上
3	次龙骨间距偏大,导致挠度过大	严格按照设计要求设置次龙骨间距
4	水平标高线控制不好,误差过大	在墙面上准确地弹好吊顶的水平标高线,误差不得大于 5 mm。对跨度较大的房间,还应加设标高控制点,在一个断面内应拉通线控制,线要拉直,不得下沉
5	吊杆安装不牢,引起局部下沉	安装龙骨前要做吊杆的隐检记录,关键部位要做拉拔试验
6	吊杆间距不均匀,造成龙骨受力不均	根据设计要求弹出吊点位置,保证吊杆间距均匀,在墙边或设备开口处应根据需要增设吊杆

3. 纸面石膏板吊顶接缝处不平整

纸面石膏板吊顶接缝处不平整,其原因和相应的防治方法见表 4-3。

表 4-3　纸面石膏板吊顶接缝处不平整的产生原因和相应的防治方法

项次	产 生 原 因	防 治 方 法
1	选用材料不配套或板材加工不符合要求	应使用专用机具和选用配套材料,加工板材尺寸应保证符合标准,减少原始误差和装配误差,以保证拼板处平整
2	主、次龙骨未调平	安装主、次龙骨后,拉通线检查其是否正确、平整,然后边安装纸面石膏板边调平,满足板面平整度要求

4. 吊顶与设备表面不平整

吊顶与设备表面不平整,其原因和相应的防治方法见表 4-4。

表 4-4　吊顶与设备表面不平整的产生原因和相应的防治方法

项次	产 生 原 因	防 治 方 法
1	吊顶的水平标高线控制不好,误差过大	对于吊顶四周的标高线,应准确地弹到墙上,其误差不能大于 5 mm
2	龙骨未调平就进行金属条板的安装,然后再进行调平,使板条受力不均匀而产生波浪形状	安装金属条板前,应先将龙骨调直、调平

（续表）

项次	产 生 原 因	防 治 方 法
3	在龙骨上直接悬吊重物,其承受不住而发生局部变形。这种现象多发生在龙骨兼卡具的吊顶形式	应同时考虑设备安装。对于较重的设备,不能直接悬吊在吊顶上,应另设吊杆,直接与结构固定
4	吊杆安装不牢,引起局部下沉。例如,吊杆本身固定不好、松动或脱落;吊杆不直,受力后拉直变长	如果采用膨胀螺栓固定吊杆,应做好隐检工作,如膨胀螺栓埋入深度、间距等,关键部位还要做膨胀螺栓的拉拔试验
5	金属条板自身变形,未加矫正而安装,产生吊顶不平	安装前要先检查金属条板的平直情况,发现不正常的要进行调整

5. 吊顶与设备衔接不好

吊顶与设备衔接不好,其原因和相应的防治方法见表4-5。

表4-5　吊顶与设备衔接不好的产生原因和防治方法

项次	产 生 原 因	防 治 方 法
1	装饰工种与设备工种没有协调好,设备工种的管道甩槎预留尺寸不准	施工前做好图纸会审工作,以装饰工种为主导。协调各专业工种的施工进度,各工种施工中发现有错误时应该及时改正
2	孔洞位置开的不准,或大小尺寸不符	对于大孔洞,应该先将其位置画准确,吊顶在此部位断开。也可以先安装设备,然后吊顶再封口。对于小孔洞,宜在顶部开洞,开洞时先拉通长中心线,位置定准后,再开洞

任务实操

技能训练

1. 虚拟实训

登录上海市级精品课程2.0"建筑装饰工程施工"网站(http://180.167.24.37:8085),进入相应的仿真施工项目训练。

2. 真实实训

通过对吊顶安装项目的学习与了解,在现场对吊顶工程施工项目进行实操训练。

(1) 分组练习。每5人为一个小组,按照施工方法与步骤认真进行技能实操训练。

(2) 组内讨论、组间对比。组员之间可就有关施工的方法、步骤和要求进行相互讨论与观摩,以提高实操练习的质量与效率。

项目施工规范

摘自《住宅装饰装修工程施工规范》(GB 50327—2001)：

8 吊顶工程

8.1 一般规定

8.1.1 本章适用于明龙骨和暗龙骨吊顶工程的施工。

8.1.2 吊杆、龙骨的安装间距、连接方式应符合设计要求。后置埋件、金属吊杆、龙骨应进行防腐处理。木吊杆、木龙骨、造型木板和木饰面板应进行防腐、防火、防蛀处理。

8.1.3 吊顶材料在运输、搬运、安装、存放时应采取相应措施，防止受潮、变形及损坏板材的表面和边角。

8.1.4 重型灯具、电扇及其他重型设备严禁安装在吊顶龙骨上。

8.1.5 吊顶内填充的吸音、保温材料的品种和铺设厚度应符合设计要求，并应有防散落措施。

8.1.6 饰面板上的灯具、烟感器、喷淋头、风口篦子等设备的位置应合理、美观，与饰面板交接处应严密。

8.1.7 吊顶与墙面、窗帘盒的交接应符合设计要求。

8.1.8 搁置式轻质饰面板，应按设计要求设置压卡装置。

8.1.9 胶黏剂的类型应按所用饰面板的品种配套选用。

8.2 主要材料质量要求

8.2.1 吊顶工程所用材料的品种、规格和颜色应符合设计要求。饰面板，金属龙骨应有产品合格证书。木吊杆、木龙骨的含水率应符合国家现行标准的有关规定。

8.2.2 饰面板表面应平整，边缘应整齐、颜色应一致。穿孔板的孔距应排列整齐；胶合板、木质纤维板、大芯板不应脱胶、变色。

8.2.3 防火涂料应有产品合格证书及使用说明书。

8.3 施工要点

8.3.1 龙骨的安装应符合下列要求：

① 应根据吊顶的设计标高在四周墙上弹线。弹线应清晰、位置应准确。

② 主龙骨吊点间距、起拱高度应符合设计要求。当设计无要求时，吊点间距应小于1.2 m，应按房间短向跨度的1%～3%起拱。主龙骨安装后应及时校正其位置标高。

③ 吊杆应通直，距主龙骨端部距离不得超过300 mm。当吊杆与设备相遇时，应调整吊点构造或增设吊杆。

④ 次龙骨应紧贴主龙骨安装。固定板材的次龙骨间距不得大于 600 mm,在潮湿地区和场所,间距宜为 300～400 mm。用沉头自攻钉安装饰面板时,接缝处次龙骨宽度不得小于 40 mm。

⑤ 暗龙骨系列横撑龙骨应用连接件将其两端连接在通长次龙骨上。明龙骨系列的横撑龙骨与通长龙骨搭接处的间隙不得大于 1 mm。

⑥ 边龙骨应按设计要求弹线,固定在四周墙上。

⑦ 全面校正主、次龙骨的位置及平整度,连接件应错位安装。

8.3.2　安装饰面板前应完成吊顶内管道和设备的调试和验收。

8.3.3　饰面板安装前应按规格、颜色等进行分类选配。

8.3.4　暗龙骨饰面板(包括纸面石膏板、纤维水泥加压板、胶合板、金属方块板、金属条形板、塑料条形板、石膏板、钙塑板、矿棉板和格栅等)的安装应符合下列规定:

① 以轻钢龙骨、铝合金龙骨为骨架,采用钉固法安装时应使用沉头自攻钉固定。

② 以木龙骨为骨架,采用钉固法安装时应使用木螺钉固定,胶合板可用铁钉固定。

③ 金属饰面板采用吊挂连接件、插接件固定时应按产品说明书的规定放置。

④ 采用复合粘贴法安装时,胶黏剂未完全固化前板材不得有强烈振动。

8.3.5　纸面石膏板和纤维水泥加压板安装应符合下列规定:

① 板材应在自由状态下进行安装,固定时应从板的中间向板的四周固定。

② 纸面石膏板螺钉与板边距离:纸包边宜为 10～15 mm,切割边宜为 15～20 mm;水泥加压板螺钉与板边距离宜为 8～15 mm。

③ 板周边钉距宜为 150～170 mm,板中钉距不得大于 200 mm。

④ 安装双层石膏板时,上下层板的接缝应错开,不得在同一根龙骨上接缝。

⑤ 螺钉头宜略埋入板面,并不得使纸面破损。钉眼应做防锈处理并用腻子抹平。

⑥ 石膏板的接缝应按设计要求进行板缝处理。

8.3.6　石膏板、钙塑板的安装应符合下列规定:

① 当采用钉固法安装时,螺钉与板边距离不得小于 15 mm,螺钉间距宜为 150～170 mm,均匀布置,并应与板面垂直,钉帽应进行防锈处理,并应用与板面颜色相同涂料涂饰或用石膏腻子抹平。

② 当采用粘接法安装时,胶黏剂应涂抹均匀,不得漏涂。

8.3.7　矿棉装饰吸声板安装应符合下列规定:

① 房间内湿度过大时不宜安装。

② 安装前应预先排板,保证花样、图案的整体性。

③ 安装时,吸声板上不得放置其他材料,防止板材受压变形。

8.3.8　明龙骨饰面板的安装应符合以下规定:

① 饰面板安装应确保企口的相互咬接及图案花纹的吻合。

② 饰面板与龙骨嵌装时应防止相互挤压过紧或脱挂。

③ 采用搁置法安装时应留有板材安装缝,每边缝隙不宜大于 1 mm。

④ 玻璃吊顶龙骨上留置的玻璃搭接宽度应符合设计要求,并应采用软连接。

⑤ 装饰吸声板的安装如采用搁置法安装,应有定位措施。

项目验收标准

摘自《上海市住宅装饰装修验收标准》(DB 31/30—2001):

10　吊顶与分隔

10.1　基本要求

吊顶与分隔的安装应牢固,表面平整,无污染、折裂、缺棱,掉角,锤痕等缺陷。粘结的饰面板应粘贴牢固,无脱层。搁置的饰面板无漏、透、翘角等现象。吊顶及分隔位置应正确,所有连接件必须拧紧、夹牢,主龙骨无明显弯曲,次龙骨连接处无明显错位。采用木质吊顶时,木龙骨等应进行防火处理,吊顶中的预埋件、钢吊筋等应进行防锈处理,在嵌装灯具等物体的位置要有加固处理,吊顶的垂直固定吊杆不得采用木榫固定。吊顶应采用螺钉连接,钉帽应进行防锈处理。

10.2　验收要求及方法

吊顶与分隔的安装验收要求及方法应按表14的规定进行。

表 14　吊顶与分隔安装验收要求及方法　　　　　　　　　　　　　（mm）

序号	项目	质量要求及允许偏差	验收方法		项目分类
			量具	测量方法	
1	安装	应牢固,无弯曲错位	手感、目测	全检	A
2	防火处理	应有防火处理	目测	木质部位安装电器的全检、金属件全检	A
	防腐处理	应有防腐处理			
3	表面质量	符合 10.1 的要求	目测	全检	B
4	表面平整度	≤2	建筑用电子水平尺或 2m靠尺,塞尺		C
5	接缝直线度	≤3	5m拉线,钢直尺		C
6	接缝高低差	≤1	钢直尺,塞尺	随机测量两处,取最大值	C
7	分隔板立面垂直度	≤3	建筑用电子水平尺或垂直检测尺		C
8	分隔板阴阳角方正	≤3	建筑用电子水平尺或直角检测尺		C

项目五

脚下的风采——地板铺贴

　　本项目对室内装饰项目中的地板铺贴进行教学，主要讲解地板安装任务。 地板安装是比较大的室内装饰施工项目，安装质量直接影响装饰效果及行走脚感。 这里主要对地板的安装方式做了介绍。 本项目依据规范及验收标准进行选编，列举室内装饰施工的典型性工作任务进行讲解。

● 任务　　地板安装

任务 ▶ 地板安装

任务描述

　　家庭装饰工程中,地板的选择有许多种,如复合地板、实木地板、实木复合地板、竹地板等,老王夫妇希望这次和设计师小李讨论一下究竟该用哪种地板。

任务分析

　　对于地板工程,设计师小李首先向老王夫妇介绍了各种地板的安装方法和特点。当然选择权在于客户,所以设计师小李向老王夫妇提出自己的建议。

施工方法与步骤

一、材料的准备

1. 面层材料

宜选用耐磨、纹理清晰、有光泽、耐朽、不易开裂、不易变形的国产优质竹木地板。

2. 基层材料

木龙骨、细木工板、防潮垫、地板钉。

材料准备如图5-1所示。

图 5-1　材料准备

二、施工过程

1. 基层清理定位放线

地板铺设之前,应在墙四周按设计标高弹线、抄平。铺装地板应在室内装饰工程全部完毕后进行。地面要求干燥、平整、干净,严禁用水冲洗。

2. 龙骨基层

木龙骨等材料要作防腐处理。在楼地面上弹出木龙骨搁置中线,并在木龙骨端头划出中线,然后把木龙骨对准中线摆好,再依次摆正中间的木龙骨。木龙骨离墙面应留出不小于30 mm 的缝隙,以利于隔潮通风。木龙骨的表面应平直,安装时要随时注意从纵横两个方向找平。用3.5～4 cm 地板钢钉将木龙骨钉在水泥地上,龙骨两侧禁用水泥封闭。

3. 铺设防潮纸

在木龙骨下做好防"三蛀"工作。上面一层铺设防潮纸,防潮纸之间,互相搭接10 mm左右。

4. 铺细木工板

在防潮纸上平铺细木工板,用地板钉沿地龙固定,注意在靠墙边铺设时,留出10～15 mm的缝隙,作为伸缩缝,以免热胀冷缩起拱。

5. 铺竹木地板

量好尺寸,合理用材。所有截断的板材,其断面必须用清漆封口,防止受潮。

开始铺设竹木地板时,把杉木条(1.2 cm×1.2 cm)置于四周墙根部,纵向开始铺装。第一片竹木地板企口凹槽面紧靠杉木条,然后依次按企口凹凸面对接,适度敲紧铺密。根据房间长度需截断的短板铺在横向墙根部,竹木地板横缝交错铺设。

6. 实木踢脚线

竹木地板整体安装完毕后,将四周根的杉木板取出,并安装好实木踢脚线。

地板工程施工过程如图5-2～图5-5所示。

图5-2　材料准备

图 5-3　基层清理并制作木龙骨基层

图 5-4　确定铺装方向

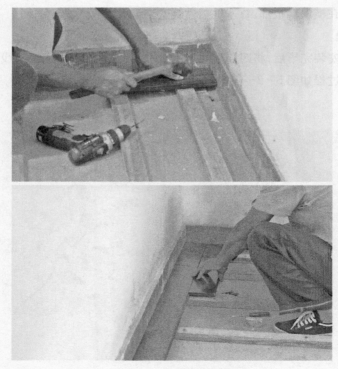

图 5-5　正式铺装地板

知识储备

一、地板材料的种类

1. 实木地板类

实木地板是木材经烘干,加工后形成的地面装饰材料。它具有花纹自然,脚感舒适,使用安全的特点,是卧室、客厅、书房等地面装修的理想材料。实木的装饰风格返璞归真,质感自然,在森林覆盖率下降,大力提倡环保的今天,实木地板则更显珍贵。实木地板分 AA 级、A 级、B 级三个等级,AA 级质量最好。

1）平口实木地板

外形为长方体,四面光滑、直边、生产工艺较简单。

2）企口实木地板

板面呈长方形,整片地板是一块单纯的木材,它有榫和槽,背面有抗变形槽,生产技术要求比较全面。

3）拼方、拼花实木地板

由多块小块地板按一定的图案拼接而成,呈方形,其图案有一定的艺术性或规律性。生产工艺比较讲究,要求的精密度高,特别是拼花地板,它可能由多种木材拼接而成,而不同木材的材性是不一致的。

4）竖木地板

以木材横切面为板面,呈正四边形、正六边形或正八边形,其加工设备也是较为简单,但加工过程的重要环节是木材改性处理,关键在于要克服木材的湿胀干缩与开裂。

5）指接地板

由相等宽度、不等长度的小地板条连接起来,开有槽和榫。一般与企口实木地板结构相同,并且安装简单、自然美观,变形较小。

6）集成地板(拼接地板)

由宽度相等的小地板条指接起来,再由多片指接材横向拼接。这种地板幅面大,边芯材混合,互相牵制、性能稳定、不易变形,单独一片就能给人以天然的美感。

2. 强化木地板（浸渍纸层压木质地板）

1）强化复合地板的结构

强化复合地板由四层结构组成。强化木地板由表面耐磨层、装饰层、芯层高密度、底层防潮层胶合而成。耐磨层采用 Al_2O_3 覆盖在装饰纸上,要求极细致,在工艺上既不遮盖装饰层上的花纹和色彩,又要均匀而细密地附属在装饰层的表面;装饰层,也就是印刷纸,其表面印有逼真的木材花纹;芯层采用高密度纤维板(HDF),中密度纤维板(MDF)或优质的特殊刨花板。强化复合地板无须上漆打蜡,安装方便,属于新型环保地板。

2）强化复合地板的优缺点

特别要指出的是曾有经销商称强化复合地板是"防水地板"，这只是针对表面而言，实际上强化复合地板使用中的唯一禁忌的是泡水。

3. 实木复合地板

实木复合地板，是将优质实木锯切刨切成表面板、芯板和底板单片，然后根据不同品种材料的力学原理将三种单片依照纵向、横向、纵向三维排列方法，用胶水粘贴起来，并在高温下压制成板，这就使木材的异向变化得到控制。由于这种地板表面漆膜光泽美观、耐热、耐冲击、防霉、防蛀等，铺设在房间里，不但使居室显得更协调、完善，而且其价格不比同类实木地板高，因而越来越受到消费者欢迎。

实木复合地板具有与实木地板一样的木纹自然美观，脚感舒适，隔音保温等优点，同时又克服了实木地板易变形的缺点（每层木质纤维相互垂直，分散了变形量和应力），且规格大、铺设方便。

缺点是，如胶合质量差会出现脱胶。此外，因为表层较薄（尤其是多层），使用中必须重视维护保养，所以使用场合有所限制。

实木复合地板分为以下三种：

1）三层实木复合地板

由三层实木交错层压而成，表层为优质硬木规格板条镶拼板，芯层为软木板条，底层为旋切单板。它克服了单向同性，不易变形，且有实木地板的如下优点：

（1）铺装方便简单；

（2）保留了实木地板舒适的脚感；

（3）天然木材感觉。

2）多层实木复合地板

以多层胶合板为基材，以规格硬木薄片镶拼板或刨切单板为面板，通过脲醛树脂交错热压而成，特点与三层复合地板基本相同。

3）细木工贴面地板

由表层、芯层、底层顺向层压而成。

4. 竹材地板

竹地板是近几年才发展起来的一种新型建筑装饰材料，它以天然优质竹子为原料，经过二十几道工序，脱去竹子原浆汁，经高温高压拼压，再经过3层油漆工序，最后经红外线烘干而成。竹地板以其天然赋予的优势和成型之后的诸多优良性能，给建材市场带来一股绿色清新之风。

竹地板有竹子的天然纹理，清新文雅，给人一种回归自然、高雅脱俗的感觉。它具有很多特点。首先竹地板以竹代木，具有竹材的原有特色，而且竹在加工过程中，采用符合国家标准的优质胶种，可避免甲醛等物质对人体的危害。还有竹地板利用先进的设备和技术，通过对原竹进行26道工序的加工，兼具有原木地板的自然美感和陶瓷地砖的坚固耐用。

竹地板在使用中应注意以下几点：

（1）保持室内干湿度。竹地板虽经干燥处理，减少了尺寸的变化，但因其竹材是自然界材料，所以，它还是会随气候干湿度变化而有变形。在北方地区遇干燥季节，特别是开暖气时，室内可通过不同方法调节湿度,如采用加湿器或暖气上放盆水等;在南方地区黄梅季节,开窗通风,保持室内干燥。因此,在室内应尽量避免阳光曝晒和雨水淋湿,若遇水应及时擦干。

(2)避免损坏地板表面竹地板漆面,应避免硬物撞击、利器划伤、金属摩擦等。

(3)在日常使用过程中正确清洁地板,保持地面干净,清洁时,可用干净扫把扫净,然后用拧干的拖把拖后,便可焕然一新。如果条件允许,两至三个月打一次地板蜡更佳。

5. 软木地板

软木地板被称为是"地板的金字塔尖消费",这种地板特点是脚感软、弹性好、密封性强,而且很耐磨,属典型的无声地板,大有取代地毯的趋势,在我国,具有广阔的开发前景。软木是生长在地中海沿岸的橡树,而软木制品的原料就是橡树的树皮,与实木地板相比更具环保性、隔音性,防潮效果也更好,给人以极佳的脚感。软木地板柔软、静音、舒适、耐磨,对老人和小孩的意外摔倒,可提供极大的缓冲作用,其独有的吸音效果和保温性能也非常适合于卧室、会议室、图书馆、录音棚等场所。

软木地板共分五类如下:

(1)第一类。软木地板表面无任何覆盖层,此产品是最早期的。

(2)第二类。在软木地板表面作涂装。即在胶结软木的表面涂装 UV 清漆或色漆或光敏清漆 PVA。根据漆种不同,又可分为三种,即高光、哑光和平光。这是 20 世纪 90 年代的技术,此类产品对软木地板表面要求比较高,需要所用的软木料较纯净。

(3)第三类。PVC 贴面,即在软木地板表面覆盖 PVC 贴面,其结构通常为四层:表层采用 PVC 贴面,其厚度为 0.45 mm;第二层为天然软木装饰层,其厚度为 0.8 mm;第三层为胶结软木层,其厚度为 1.8 mm;最底层为应力平衡兼防水 PVC 层,此层很重要,若无此层,在制作时,当材料热固后,PVC 表层冷却收缩,将使整片地板发生翘曲。这一类地板当前深受京沪两地消费者青睐。

(4)第四类。第一层为聚氯乙烯贴面,厚度为 0.45 mm;第二层为天然薄木,其厚度为 0.45 mm;第三层为胶结软木,其厚度为 2 mm 左右;底层为 PVC 板,与第三类一样防水性好,同时又使板面应力平衡,其厚度为 0.2 mm 左右。

(5)第五类。塑料软木地板、树脂胶结软木地板和橡胶软木地板。

6. 地热采暖地板

地热采暖地板又称低温热水辐射采暖地板,低温地板辐射是一种利用建筑物内部地面进行采暖的系统。它是将整个地面作为散热器在地板结构层内铺设管道,通过往管道内注入 60 ℃以下的低温热水加热地板混凝土层使地面温度保持在 26 ℃左右,使人感觉温暖舒适。室内温度由脚下至头上均匀下降,给人脚暖头凉的最佳感觉,符合人体生理科学。

它节省了房间的有效使用面积,并可有效节约能源。采用低温热水辐射采暖地板的实感温度比实际温度高出 2~4 ℃。它符合"按户计量,分室调温"的要求,家中无人时可停止供暖等特点。

7. TST-PVC 塑胶地板

塑胶地板有聚氯乙烯卷材地板、聚氯乙烯片材地板和聚氯乙烯板材地板三种。

聚氯乙烯卷材地板是以聚氯乙烯树脂为主要原料,加入适当助剂,在片状连续基材上,经涂敷工艺生产而成,分为带基材的发泡聚氯乙烯卷材地板和带基材的致密聚氯乙烯卷材地板两种,其宽度为 1 800 mm 或 2 000 mm,每卷长度 20 m 或 30 m,总厚度有 1.5 mm 或 2 mm。

聚氯乙烯卷材地板适合于铺设客厅、卧室地面(中档装修),选材宜选优等品或一等品。

8. 防静电地板

防静电地板又叫做耗散静电地板,当它接地或连接到任何较低电位点时,使电荷能够耗散,以电阻在 $10^5 \sim 10^{10}$ Ω 之间为特征。铝合金活动地板由板面、可调支架、橡胶托组成,板面有三种:一种是铸造铝合金面板,一种是复合铝合金面板(外壳为薄铝板,内充蜂窝纸),还有一种是轻质全钢面板(内为 PVC 塑料)。

9. 竹木复合地板

竹木复合地板是竹材与木材复合再生产物。它的面板和底板采用的是上好的竹材,而其芯层多为杉木、樟木等木材。其生产制作要依靠精良的机器设备、先进的科学技术以及规范的生产工艺流程,经过一系列的防腐、防蚀、防潮、高压、高温以及胶合、旋磨等近 40 道繁复工序,才能制作成为一种新型的复合地板。

这种地板具有竹地板的优点:外观自然清新、纹理细腻流畅、防潮防湿防蚀、韧性强、有弹性等;同时,其表面坚硬程度可以与木制地板中的常见材种如樱桃木、榉木等媲美。另一方面,由于该地板芯材采用了木材作原料,故其稳定性极佳,结实耐用,脚感好,格调协调,隔音性能好,而且冬暖夏凉,尤其适用于居家环境以及体育娱乐场所等室内装修。从健康角度而言,竹木复合地板尤其适合城市中的老龄人群以及婴幼儿,而且对喜好运动的人群也有保护缓冲的作用。

二、 实木地板铺设和保养要点

(1)地板应在施工后期铺设,不得交叉施工。铺设后应尽快打磨和涂装,以免弄脏地板或使其受潮变形。

(2)地板铺设前宜拆包堆放在铺设现场 1～2 天,使其适应环境,以免铺设后出现胀缩变形。

(3)铺设应做好防潮措施,尤其是底层等较潮湿的场合。防潮措施有涂防潮漆、铺防潮膜和使用铺垫宝等。

(4)龙骨应平整牢固,切忌用水泥加固,最好用膨胀螺栓、美固钉等加固。

(5)龙骨应选用握钉力较强的落叶松、柳桉等木材。龙骨或毛地板的含水率应接近地板的含水率。龙骨间距不宜太大,一般不超过 30 cm。地板两端应落实在龙骨上,不得空搁,且每根龙骨上都必须钉上钉子。不得使用水性胶水。

(6)地板不宜铺得太紧,四周应留足够的伸缩缝(0.5～1.2 cm),且不宜超宽铺设,如遇较宽的场合应分隔切断,再压铜条过渡。

(7)地板和客厅、卫生间、厨房间等石质地面交接处应有彻底的隔离防潮措施。

(8)地板色差不可避免,如对色差有较高要求,可预先分拣,采取逐步过渡的方法,以减轻视觉上的突变感。

(9)使用中忌用水冲洗,避免长时间的日晒、空调连续直吹,窗口处防止雨淋、避免硬物碰撞摩擦。为保护地板,在漆面上可以打蜡(从保护地板的角度看,打蜡比涂漆效果更好)。

实木地板的优点：隔音隔热、调节湿度、冬暖夏凉、绿色无害、华丽高贵、经久耐用。

三、 地板铺装时常见质量问题

在家庭装修中，木地板的铺装是其中一个大项，并且直接影响着整个房间装修的效果。木地板安装时常见的质量问题有：行走时有空鼓响声、表面不平、拼缝不严、局部翘鼓等。

（1）有空鼓响声是固定不实所致，主要是毛板与龙骨、毛板与地板钉子数量少或钉得不牢，有时是由于板材含水率变化引起收缩或胶液不合格所致。因此，严格检验板材含水率、胶黏剂等质量就显得尤为重要。检验合格后才能使用，安装时钉子不宜过少。

（2）表面不平的主要原因是基层不平或地板条变形起鼓。在施工时，应用水平尺对龙骨表面找平，如果不平，应垫木调整。龙骨上应做通风小槽，板边距墙面应留出 10 mm 的通风缝隙。保温隔音层材料必须干燥，防止木板受潮后起鼓。木地板表面平整度误差应在 1 mm 以内。

（3）拼缝不严的原因除了施工中安装不规范外，板材的宽度尺寸误差大及加工质量差也是重要原因。

（4）局部翘鼓的主要原因除板子受潮变形外，还有毛板拼缝太小或无缝，使用中水管等漏水泡湿地板等原因所致。地板铺装后，涂刷地板漆应漆膜完整，日常使用中要防止水流入地板下部，要及时清理面层的积水。

四、 地板施工的验收方法

木地板的材质品种、等级应符合设计要求，含水率应在 10% 左右，木龙骨、垫木作过防腐处理，木龙骨要安装牢固、平直，间距和固定方法符合规范要求，板面铺钉牢固、无松动，粘贴牢固、无空鼓，使用胶的品种符合规范要求。

目测检查木地板表面刨平、磨光，无刨痕、图案清晰，清油层面颜色一致，铺装方向正确，层面接缝严密，接头位置错开，表面洁净。踢脚板铺设接缝严密，表面光滑，高度及出墙厚度一致。用 2 m 靠尺检查，地面平整度误差小于 1 mm，缝隙宽度小于 0.3 mm，踢脚板上口平直度误差小于 3 mm，拼缝平直度误差小于 2 mm。

地板工程检测验收：

1. 木质面层表面质量应符合规定

合格：木质板面层平整光滑、无刨痕、戗碴和毛刺，图纹清晰，油膜面层颜色均匀。

优良：木质板面层平整光滑、无刨痕、戗碴和毛刺，图纹清晰美观，油膜面层颜色一致。

检查方法：观察、手摸和脚踩检查。

2. 木质板面层接缝质量应符合规定

1）木板面层

合格：缝隙严密，接头位置错开，表面洁净。

优良：缝隙严密，接头位置错开，表面洁净，拼缝平直方正。

2）拼花木板面层

合格：接缝严密，粘钉牢固，表面洁净，粘结无明显溢胶。

优良:接缝严密,粘钉牢固,表面洁净,粘结无溢胶,板块排列合理美观,镶边宽度周边一致。

检验方法:观察检查。

3. 木地板打蜡质量必须符合规定

合格:接缝严密,表面光滑,高度、出墙厚度一致。

优良:接缝严密,表面平整光滑,高度、出墙厚度一致,接缝排列合理美观,上口平直,割角准确。

检查方法:观察检查。

4. 木地板打蜡质量必须符合规定

合格:木地板烫硬蜡、擦软蜡、蜡洒布均匀不露底,色泽一致,表面洁净。

优良:木地板烫硬蜡、擦软蜡、蜡洒布均匀不花不露底,光滑明亮,色泽一致,厚薄均匀,木纹清晰,表面洁净。

检验方法:观察、手摸检查。

允许偏差项目:木地板面层允许偏差和检验方法参见表 5-1。

表 5-1　木地板面层允许偏差和检验方法

项次	项　　　目	允许偏差（mm）			检　验　方　法
1	表面平整度	2	1	1	用 2m 靠尺、楔形塞尺检查
2	踢脚步线上口平直	3	3	3	拉 5m 线(不足 5m)拉通线和尺量检查
3	板面拼缝平直	2	1	3	拉 5m 线（不足 5m拉通线)和尺量检查
4	缝隙宽度	2	0.3	< 0.1	用塞尺与目测检查

五、木地板成品保护

(1) 木地板应放置在地面平整、干燥、通风的库房内。毛地板、木格栅和垫木等木质材料进场后,应入库成扎搁置在平整的墩台上,不得受潮或曝晒,以防变形。

(2) 施工环境温度宜在 5~30 ℃,相对湿度不大于 80%;在施工中,操作人员应使用施工临时厕所,建筑物内厕浴间应锁门,以防管道被堵,卫生设施受损。

(3) 操作人员应穿软底鞋作业,严禁穿带钉子的鞋,以防划伤木地板面,并不得在地板上敲、砸。格栅固定时,应采取防止损坏基层和基层汇总预埋管线的措施。

(4) 地板施工中,不得损坏室内墙面、各类措施和门窗玻璃等;严禁在预制钢筋混凝土楼板上钻孔固定格栅,破坏楼板结构。

(5) 清扫地板时,应用拧干的拖把或吸尘器。

(6) 材料运输时,要避免损坏楼道内墙、门窗及扶手;采用电梯运输时,应对电梯采取保护措施。

(7) 施工用水之后或下班前,应及时扭紧阀门,以防漫水浸泡地板。

(8) 施工时应对消防、供电、电视、网络等公共设施采取保护措施;木地板施工完毕后,应及时进行覆盖,以防潮、防污染。

六、 木质地面容易出现的质量问题及预防措施

1. 面层呈波浪形,起凸和高低不平

(1)原因:可能是板块厚薄不一致、高密度板板面不平或未留伸缩缝造成的。

(2)预防措施:铺完密度板要用2 m靠尺检查一下是否平整,如不平应及时返工;周围要留5～8 mm的缝。

2. 接缝不严

(1)原因:操作不当;板材宽度尺寸误差过大。

(2)预防措施:挑选合格的板材;企口榫应平铺,在板面或者板侧钉扒钉。

3. 表面不平

(1)原因:基层不平;垫木调得不平;地板条起拱。

(2)预防措施:薄木地板的基层表面平整度误差应不大于2 mm;预埋铁件绑扎处的铅丝或螺栓紧固后,其格栅顶面应用仪器抄平;地板下的格栅上,每档应做通风小槽,并保持木材干燥。保温隔声层的填料必须干燥,以防木材受潮、膨胀、起拱。

4. 地板局部翘鼓

(1)原因:地板受潮变形;毛地板拼缝太小或无缝;水管、气管滴漏泡湿地板;阳台门口进水。

(2)预防措施:预制圆孔板孔内应无积水;格栅应刻通风槽;保温隔声材料必须干燥;铺顶油纸应隔潮;阳台门口或其他外门口应用采取断水措施,严防雨水进入地板内。

1. 虚拟实训

登录上海市级精品课程2.0"建筑装饰工程施工"网站(http://180.167.24.37:8085),进入相应的仿真施工项目训练。

2. 真实实训

通过对地板铺贴项目的学习与了解,在现场对地板工程施工项目进行实操训练。

(1)分组练习。每5人为一个小组,按照施工方法与步骤认真进行技能实操训练。

(2)组内讨论、组间对比。组员之间可就有关施工的方法、步骤和要求进行相互讨论与观摩,以提高实操练习的质量与效率。

小贴士

项目施工规范

摘自《住宅装饰装修工程施工规范》(GB 50327—2001):

14　地面铺装工程

14.1　一般规定

14.1.1　本章适用于石材(包括人造石材)、地面砖、实木地板、竹地板、实木复合地板、强化复合地板、地毯等材料的地面面层的铺贴安装工程施工。

14.1.2　地面铺装宜在地面隐蔽工程、吊顶工程、墙面抹灰工程完成并验收后进行。

14.1.3　地面面层应有足够的强度,其表面质量应符合国家现行标准、规范的有关规定。

14.1.4　地面铺装图案及固定方法等应符合设计要求。

14.1.5　天然石材在铺装前应采取防护措施,防止出现污损、泛碱等现象。

14.1.6　湿作业施工现场环境温度宜在5℃以上。

14.2　主要材料质量要求

14.2.1　地面铺装材料的品种、规格、颜色等均匀符合设计要求并应有产品合格证书。

14.2.2　地面铺装时所用龙骨、垫木、毛地板等木料的含水率,以及防腐、防蛀、防火处理等均应符合国家现行标准、规范的有关规定。

14.3　施工要点

14.3.1　石材、地面砖铺贴应符合下列规定:

① 石材、地面砖铺贴前应浸水湿润。天然石材铺贴前应进行对色、拼花并试拼、编号。

② 铺贴前应根据设计要求确定结合层砂浆厚度,拉十字线控制其厚度和石材、地面砖表面平整度。

③ 结合层砂浆宜采用体积比为1:3的干硬性水泥砂浆,厚度宜高出实铺厚度2～3 mm。铺贴前应在水泥砂浆上刷一道水灰比为1:2的素水泥浆或干铺水泥1～2 mm后洒水。

④ 石材、地面砖铺贴时应保持水平就位,用橡皮锤轻击使其与砂浆粘结紧密,同时调整其表面平整度及缝隙不得大于2 mm。

⑤ 铺贴后应及时清理表面,24 h后应用1:1水泥浆灌缝,选择与地面颜色一致的颜料与白水泥拌和均匀后嵌缝。

14.3.2　竹、实木地板铺装应符合下列规定:

① 基层平整度误差不得大于5 mm。

② 铺装前应对基层进行防潮处理,防潮层宜涂刷防水涂料或铺设塑料薄膜。

③ 铺装前应对地板进行选配,宜将纹理、颜色接近的地板集中使用于一个房间或部位。

④ 木龙骨应与基层连接牢固,固定点间距不得大于 600 mm。

⑤ 毛地板应与龙骨成 30°或 45°铺钉,板缝应为 2～3 mm,相邻板的接缝应错开。

⑥ 在龙骨上直接铺装地板时,主次龙骨的间距应根据地板的长宽模数计算确定,地板接缝应在龙骨的中线上。

⑦ 地板钉长度宜为板厚的 2.5 倍,钉帽应砸扁。固定时应从凹榫边 30°角倾斜钉入。硬木地板应先钻孔,孔径应略小于地板钉直径。

⑧ 毛地板及地板与墙之间应留有 8～10 mm 的缝隙。

⑨ 地板磨光应先刨后磨,磨削应顺木纹方向,磨削总量应控制在 0.3～0.8 mm 内。

⑩ 单层直铺地板的基层必须平整、无油污。铺贴前应在基层刷一层薄而匀的底胶以提高粘结力。铺贴时基层和地板背面均应刷胶,待不粘手后再进行铺贴。拼板时应用榔头垫木块敲打紧密,板缝不得大于 0.3 mm。溢出的胶液应及时清理干净。

14.3.3 强化复合地板铺装应符合下列规定:

① 防潮垫层应满铺平整,接缝处不得叠压。

② 安装第一排时应凹槽面靠墙。地板与墙之间应留有 8～10 mm 的缝隙。

③ 房间长度或宽度超过 8 m 时,应在适当位置设置伸缩缝。

14.3.4 地毯铺装应符合下列规定:

① 地毯对花拼接应按毯面绒毛和织纹走向的同一方向拼接。

② 当使用张紧器伸展地毯时,用力方向应呈 V 字形,应由地毯中心向四周展开。

③ 当使用倒刺板固定地毯时,应沿房间四周将倒刺板与基层固定牢固。

④ 地毯铺装方向,应是毯面绒毛走向的背光方向。

⑤ 满铺地毯,应用扁铲将毯边塞入卡条和墙壁间的间隙中或塞入踢脚下面。

⑥ 裁剪楼梯地毯时,长度应留有一定余量,以便在使用中可挪动常磨损的位置。

项目验收标准

摘自《上海市住宅装饰装修验收标准》(DB 31/30—2003):

8.3 木地板

8.3.1 基本要求

木地板表面应洁净、无沾污、磨痕、毛刺等现象。木搁橱栅安装应牢固,木搁橱的含水率应≤16.0%。地板铺设应无松动,行走时无明显响声。地板与墙面之间应留 8～12 mm 的伸缩缝。

8.3.2 验收要求及方法

木地板的铺设质量验收要求及方法应按表 9 的规定进行,当采用素板时,在地板油漆前进行验收;当采用漆板时,在漆板铺设后进行验收。卫浴地板等特殊规格的地板应按产品说明书操作。

表 9 木地板的铺设验收要求及方法   (mm)

序号	项目		质量要求允许偏差	验收方法		项目分类
				量具	测量方法	
1	表面平整度	浸渍纸层压木质地板	≤2.0	建筑用电子水平尺或 2 m 靠尺、楔形塞尺		C
		实木复合地板	≤2.0			
		实木地板[a]	≤2.0			
2	缝隙宽度	浸渍纸层压木质地板	≤0.5	塞尺	每室测量三处。取 C 最大值	G
		实木复合地板	≤0.5			
		实木地板	≤0.5			
3	地板接缝高低	浸渍纸层压木质地板	≤0.5	钢直尺、楔形塞尺		C
		实木复合地板	≤0.5			
		实木地板	≤0.5%			
4	地板翘曲度	浸渍纸层压木质地板	≤0.5%			C
		实木复合地板				
		实木地板				
5	安装		与墙面之间应留 8—12 mm 的伸缩缝	钢直尺	测量四边	C
			行走无明显响声	行走一圈		C
6	外观		符合 8.3.1 的要求	手感、目测	全检	C

注:a.本表实木地板所列允差适用于柚木、白栎、印茄木树种的地板,其他树种的地板可参照执行。

项目六

储藏收纳的基础——家具制作

　　本项目对室内装饰项目中的家具制造进行教学，主要讲解柜体的制作。 家具制作在室内装饰项目中主要集中为橱柜，衣柜制作是以机制板材进行制作安装的施工项目。 本项目依据规范及验收标准进行选编，列举室内装饰施工的典型性工作任务进行讲解。

● 任务　橱柜制作

任务 ▶ 橱柜制作

任务描述

　　在家具的选择上,老王完全听从太太的意见,但是他们希望按照房间特征定制一套衣柜与一个鞋柜,由于是现场制作,老王夫妇不了解工人可以制作成什么样的,同时对质量也有一定的疑惑。

任务分析

　　由于装饰工程受工期限制,要求在根据装饰布置和装饰施工配套的基础上较快完成,故制作方法一般都采用板式结构或板框组合式结构。小李向老王夫妇介绍了现场制作家具的方法,并对于衣柜与鞋柜给出了自己的设计方案与制作方案。

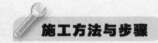
施工方法与步骤

一、材料的准备

　　所准备的材料包括木工板、樟木板、收口线条、胶水,如图6-1所示。

图6-1 材料准备

二、施工过程

(1) 饰面板表面上底漆。各类饰面板(黑红胡桃、白橡、红枫等)刷底漆后加工,主要是为了保护饰面板颜色不被弄脏。因为在家具制作过程和油漆施工时,很多东西容易粘在上面,难以擦除,最后做清水漆后,都能看到那些脏印。做底漆对表面有保护作用,很容易将脏东西擦掉,威胁饰面板主要有三大杀手:白乳胶(粘面板背面用的)、胶水(和腻子用的)和乳胶漆。

(2) 定位画线。根据实际尺寸,在家具框架的细木工板上定位、划线、切割。

(3) 家具框架一律用细木工板立主框(应注意实际尺寸)。

(4) 背后用五合板(如有饰面板时仍利用五合板衬底)。

(5) 榫槽及拼板施工。所有贴墙部位的木基层均须衬垫防潮纸进行防潮处理。

(6) 刷胶后用骑马钉或1寸铁钉固定,禁用直钉,涂上白乳胶,贴上饰面板,并用钉子固定。

(7) 柜门骨架。

① 先制作柜门骨架,在表面刷白乳胶。

② 柜门骨架上先用胶水粘好饰面板、木线条,然后用蚊钉固定(禁用直钉)。木线条与饰面板必须平整(初操作时线条应略凸于饰面板,以防木线收缩,待要验收时进行整修)。

③ 用重物压所有柜门扇,防止今后翘拱。

家具制作施工过程如图6-2～图6-5所示。

图6-2 定位画线

图 6-3　柜体框架拼装

图 6-4　内部零件安装

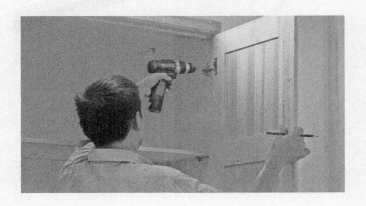

图 6-5 柜门安装、调试

知识储备

一、家具材料介绍

木质建材是家装中经常使用的材料,由于用户对这些品质不同的板材不熟悉,往往容易造成一系列的问题。这里介绍一下木质建材,主要是木夹板。木板的分类如下:

1. 按材质分类

分为实木板、人造板两大类。目前除了地板和门扇使用实木板外,一般所使用的板材都是人造板。

2. 按成型分类

1)装饰面板

(1)概念。装饰面板,俗称面板,是将实木板精密刨切成厚度为 0.2 mm 左右的微薄木皮,以夹板为基材,经过胶粘工艺制作而成的,具有单面装饰作用的装饰板材。它是夹板存在的特殊方式,厚度为 3 mm。装饰面板是目前有别于混油做法的一种高级装修材料。

(2)特性。装饰面板一般用清油装饰。表层薄面板是名贵木种,纹理天然、华美。基材一般是胶合板,性能稳定可靠。

(3)用途。装饰面板是时下家居装修常用的装饰材料。

(4)选择。有的表层面板太薄,厚度只有 0.1 mm 左右,为防止透出底板颜色,生产商先在底板上刷一层与表层面板同色的漆,再贴表层面板,由于漆与胶的粘结性差,造成表层面板胶合强度差,易鼓包。消费者选择时,可用刀片刮其表层,凡刮出色漆的,大部分表层面板厚度不达标。

劣质装饰面板使用一段时间后,表面会鼓包、产生裂缝。选购装饰面板应注意以下几点:

　　① 认清人造薄木贴面与天然木质单板贴面的区别。前者的纹理基本为通直纹理,纹理图案有规则;而后者为天然木质花纹,纹理图案自然变异性比较大,无规则。

　　② 装饰性要好。装饰面板外观应有较好的美感,材质应细致均匀、色泽明晰、木纹美观。配板与拼花的纹理应按一定规律排列,本色相近,拼缝与板边近乎平行。

　　③ 表面应无明显瑕疵。选择的装饰板表面应光洁,无毛刺沟痕和刨刀痕;应无透胶现象和板面污染现象(如局部发黄、发黑现象);应尽量挑选表面无裂纹、裂缝,无节子、夹皮,树脂囊和树胶道的;整张板的自然翘曲度应尽量小,避免由于砂光工艺操作不当造成板材透漏出来的砂透现象。

　　④ 无开胶现象。应注意表面单板与基材之间、基材内部各层之间不能出现鼓包、分层现象。

　　⑤ 刀撬法是检验胶合强度最直观的方法,用锋利平口刀片沿胶层撬开,如胶层破坏而木材未破坏,说明胶合强度差。

　　⑥ 要选择甲醛释放量低的板材。应避免选择具有刺激性气味的装饰板。

　　⑦ 选择有明确生产企业的好产品。绝大多数有明确厂名、厂址、商标的产品,其性能表现好。

　　2) 胶合板

　　(1) 概念。胶合板是由三层或多层 1 mm 左右的实木单板或薄板胶贴热压制成,常见的有三夹板、五夹板、九夹板和十二夹板(俗称 3 厘板、5 厘板、9 厘板和 12 厘板)。

　　(2) 特性。结构强度好,稳定性好。胶合板含胶量大,施工时要做好封边处理,尽量减少污染。

　　(3) 用途。胶合板主要用于装饰面板的底板、板式家具的背板等各种木制工艺品。

　　(4) 选择。选择胶合板主要看其甲醛释放量和胶合强度,如果胶合板的胶合强度不好,容易散架。选择时注意胶合板的标称厚度与实际厚度是否相符。

　　选择胶合板要注意以下几点:

　　① 胶合板有正反面的区别。挑选时,胶合板要木纹清晰,正面光洁平滑,不毛糙,平整无滞手感。

　　② 胶合板不应有破损、碰伤、硬伤、疤节等瑕疵点。

　　③ 胶合板无脱胶现象。

　　④ 有的胶合板是将两个不同纹路的单板贴在一起制成的,所以在选择上要注意夹板拼缝处应严密,没有高低不平现象。

　　⑤ 挑选胶合板时,应注意挑选不散胶的胶合板。手敲胶合板各部位时,若声音发脆,则证明质量良好;若声音发闷,则表示胶合板已出现散胶现象。

　　3) 细木工板

　　(1) 概念。细木工板是具有实木板芯的胶合板,其竖向(以芯板材走向区分)抗弯压强度差,但横向抗弯压强度较高。现在市场上大部分是实心,胶拼,双面砂光,五层的细木工板,尺寸规格为 1 220 mm×2 440 mm。

（2）特性。细木工板握螺钉力好，强度高，具有质坚、吸声、绝热等特点，而且含水率不高，在10%～13%之间，加工简便，用途最为广泛。

细木工板比实木板材稳定性强，但怕潮湿，施工中应注意避免用在厨卫。

细木工板的加工工艺分机拼和手拼两种，手工拼制是用人工将木条镶入夹板中，木条受到的挤压力小，不能锯切加工，只适宜作部分装修的子项目，如作实木地板的垫层毛板等。而机拼的板材受到的挤压力较大，缝隙极小，拼接平整，承重力均匀，长期使用不易变形。好的细木工板每张价格在70～140元之间，差一些的价格在40～60元之间。细木工板内芯的材质有许多种，如杨木、桦木、松木、泡桐等，其中以杨木、桦木为最好，质地密实，木质不软不硬，持钉力强，不易变形。泡桐的质地较软，吸水性大，不易烘干，制成板材长期使用，水分蒸发后，板材易干裂变形。而硬木质地坚硬，不易压制，拼接结构不好，持钉力不差，变形系数也大。

（3）用途。用于家具、门窗及套、隔断、假墙、暖气罩、窗帘盒等。

（4）选择。细木工板表面应平整，无翘曲、变形，无起泡、凹陷；芯条排列均匀整齐，缝隙小，芯条无腐朽、断裂、虫孔、节疤等。有的细木工板偷工减料，实木条的缝隙大，如果在缝隙处打钉，则基本没有握钉力。消费者选择时可以对着光线看，实木条的缝隙处会透白。如果细木工板的胶合强度不好，掂起来会有"吱吱"的开胶声。大芯板如果散发清香的木材气味，说明甲醛释放量较少；如果气味刺鼻，说明甲醛释放量较多。

细木工板质量差异很大，在选购时要认真检查。首先看芯材质地是否密实，有无明显缝及腐朽变质木条，腐朽的木条内可能存在虫卵，日后易发生虫蛀；再看周围有无补胶、补腻子的现象，这种现象一般是为了弥补内部的裂痕或空洞；再就是用尖嘴器具敲击板材表面，听一下声音是否有很大差异，如果声音有变化，说明板材内部存在空洞。这些现象会使板材整体承重力减弱，长期的受力不均匀会使板材结构发生扭曲、变形，影响外观及使用效果。

4）刨花板

（1）概念。刨花板是天然木材粉碎成颗粒状后，再经黏合压制而成，因其剖面类似蜂窝状，所以称为刨花板。按压制方法可分为挤压刨花板、平压刨花板两类。此类板材的主要优点是价格极其便宜。其缺点也很明显，即强度极差。一般不适宜制作较大型或者有力学要求的家私。

（2）特性。刨花板绝热、吸声，因制法容易，质量差异很大，不易辨别，抗弯性和抗拉性较差，密度疏松，易松动。

（3）用途。主要用于绝热、吸声场所，吊顶，制作普通家具等。目前，很多厂家生产出的家具都采用刨花板，也是橱柜的主要材料。刨花板表面常以三聚氰胺饰面双面压合，经封边处理后与中密度板的外观相同，采用专用的连接件组装，可拆卸。

5）密度板

（1）概念。密度板分低密度纤维板（低密度板）、中密度纤维板（中密度板）和硬质纤维板（高密度板），密度在 450 kg/m³ 以下的是低密度板，密度在 450～800 kg/m³ 的是中密度板，密度在 800 kg/m³ 以上的是高密度板。密度板是以植物木纤维为主要原料,经热磨、铺装、热压成型等工序制成。

(2) 特性。密度板表面光滑平整、材质细密、性能稳定、边缘牢固,而且板材表面的装饰性好。但密度板耐潮性较差,且相比之下,密度板的握钉力较刨花板差,由于密度板的强度不高,螺钉旋紧后若发生松动,很难再固定。

(3) 用途。主要用于强化木地板、门板、隔墙和家具等。密度板在家装中主要用混油工艺进行表面处理。

(4) 选择。密度板的选择主要注意检测甲醛释放量和结构强度,密度板按甲醛释放量分 E1 级和 E2 级,甲醛释放量超过 30 mg/100 g 不合格。一般来说,有一定规模的生产厂家的密度板大部分都合格。市场上的密度板大部分是 E2 级的,E1 级的少。

6) 防火板

(1) 概念。防火板是采用硅质材料或钙质材料为主要原料,与一定比例的纤维材料、轻质骨料、黏合剂和化学添加剂混合,经蒸压技术制成的装饰板材,防火板的厚度一般为 0.8 mm、1 mm 和 1.2 mm。

(2) 特性。防火板比较经济,且强度高、耐火、防潮。

(3) 用途。防火板主要用于橱柜、展柜等。防火板的施工对于粘贴胶水的要求比较高,要掌握刷胶的厚度和胶干时间,并要一次性粘贴好。

7) 三聚氰胺板

(1) 概念。三聚氰胺板简称三氰板,全称是三聚氰胺浸渍胶膜纸饰面人造板。常用规格为 2 440 mm×1 220 mm,厚 1.5～1.8 cm。

(2) 特性。三聚氰胺板可以任意仿制各种图案,色泽鲜明,用作各种人造板和木材的贴面,硬度大,耐磨,耐热性好。耐化学药品性能一般,能抵抗一般的酸、碱、油脂及酒精等溶剂的磨蚀。表面平滑光洁,容易维护清洗。

(3) 用途。三聚氰胺板质轻、防霉、防火、耐热、抗震、易清理、可再生,完全符合节能降耗、保护生态的既定方针,所以行业内人士又称它为生态板。除了实木家具外,各类高档的板式家具都有三聚氰胺板的参与。在中高端的整体衣柜中加入三聚氰胺板可以有效防止作为防腐剂使用的甲醛和脲醛树脂所带来的环境污染问题,另外三聚氰胺板还可替代木制板材、铝塑板等做成镜面、高耐磨、防静电、浮雕、金属等饰面。

8) 集成材

(1) 概念。集成材是一种新兴的实木材料,采用大径原木,经深加工而成的像手指一样交错拼接的木板。

(2) 特性。由于工艺不同,这种板材的环保性能优越,价格每张 200 元左右,比高档细木工板板略贵些。集成材可以直接上色、刷漆,比细木工板省一道工序。

(3) 用途。集成材不易变形,主要用于木门扇、高档家具等。

9) "板材"和"方材"

(1) 概念。"板材"和"方材"是由原木纵向锯成的板材和方材的统称。宽度为厚度 3 倍以上的称"板材";宽度不足厚度三倍的矩形木材称"方材"。其是家具制造、土建工程等常用的材料。

（2）特性。表面积大,故包容覆盖能力强,在化工、容器、建筑、金属制品、金属结构等方面都得到广泛应用;可任意剪裁、弯曲、冲压、焊接,制成各种制品构件。使用灵活方便,在汽车、航空、造船及拖拉机制造等部门占有极其重要的地位;可弯曲、焊接成各类复杂断面的型钢、钢管、大型工字钢、槽钢等结构件,故称之为"万能钢材"。

二、家具和橱柜施工工艺

家具和橱柜,采用后场制作,现场拼装的工艺模式,极大地提高了产品品质,缩短了施工周期,为了保证家具和橱柜充分满足业主需要,工艺规范要求如下:

（1）家具主体采用家具结构板做基层,侧边收口采用实木收口。

（2）家具靠墙背板采用家具结构板或9厘多层板作基层。

（3）抽屉侧板采用家具结构板,侧边收口采用实木收口,抽屉底板基层(也是贴面的家具结构板)采用9厘板。抽屉必须使用抽屉滑轨。

（4）成品板家具必须使用专用连接件连接。

（5）橱柜全部由工厂制作,现场安装。工艺精度要求橱柜外形尺寸偏差≤2 mm,橱柜立面垂直度偏差≤2 mm,橱柜门与框架的平行度偏差≤2 mm。

三、木工工艺

1. 木工工艺与造价

在装修过程中,木工项目往往属于一个大项。从装修的角度看,基本上木工代表了装修,很多业主都会把木工的工艺水平当作是一家装修公司的基本工艺水平。所以,绝大部分装修公司都会把木工视为重中之重。

经过残酷的市场恶战,乳胶漆从每平方米40多元的报价掉到了20多元,泥水甚至从每平方米40多元的报价掉到泥水工种赠送的地步。最后确保装修公司盈利的是木工活,也因为如此,木工报价一直处于一种相对稳定的状态。

木工报价项目因为用料、设计等因素,与其他的装修项目更不具有可比性。以一个简单的衣柜为例来看:

方案一：使用密度板结构,内贴木皮、外贴木皮。

方案二：使用大芯板结构,内刷清漆、外刷混油。

方案三：使用大芯板结构,内贴柏丽板、外贴饰面板加清漆。

方案四：全实木结构、加清漆或混油(此项视实木种类有很大差异)。

上面的四种做法,理论上都是可行的,但造价却差异很大。方案三的造价比方案一的造价可能高一倍,再加上设计方面的差异,可比性就更低了。但是最贵的,还是方案四的造价,如果使用花梨或者酸枝类的木料,油漆工艺使用桐油,造价可达上万元。

这里着重讨论的是工艺,不是材料方面的内容。之所以做出上面的比较,主要是说明工艺上和造价上的差异。

2. 木工工艺中的注意事项

(1) 钉眼的处理。钉眼的处理严格上来说,属于油漆工范畴。俗语说,"三分姿色,七分打扮",这句话在木工工种中的体现也很典型。现在绝大部分的装修都使用再加工板材,施工时都使用了射钉等,如何处理这些钉眼就成了一个突出的问题。这要求对腻子的配色采取十分严谨的态度,尽量使得配色后的颜色与木表面基本上一致,从而掩饰这些缺点。相同的处理方法也适用于树节、树疤的处理。

(2) 板材的选择。选择质量优良的板材是保证质量的第一因素,对板材的质量和适用性都需要严格的选择。

(3) 对饰面工艺的选择。不同的板材需要不同的饰面工艺。例如,纹理优美的实木板和饰面板,就可以使用清漆;而纹理较差的实木板或者没有饰面板的普通夹板,就需要使用混油。反过来推论,如果使用清漆,那么就应该选择表面较好的实木板或者饰面板;使用混油,那么只需要选用普通的板材即可。使用饰面板加混油的做法,其实是浪费钱财。

3. 门扇

1) 门扇的风格特征

门扇的风格特征主要体现在以下三个方面:

(1) 设计材质特征。门扇往往被要求在室内大量使用一样的材质进行装饰。所以,我们经常看到清油做法中,如果室内使用的是红榉,那么门往往也是红榉;如果室内使用的是樱桃木,那么门也是樱桃木的。而在混油的做法中,门扇就跟混油的颜色是保持一致的。当然,门扇也是可以设计成不同材质风格的,但是要做到这一点很难。

(2) 设计元素特征。门扇的设计往往会跟随使用设计风格中的设计元素。例如设计中存在着特定的直线或曲线设计时,门扇也往往会被要求具有这种特征。

(3) 风格导引特征。门扇会跟随着整体的设计风格进行设计,所以在一定程度上,门扇也会变成风格的导引目标。这是因为家里可以没有别的装饰项目,但不能没有门扇。所以门扇不但跟随风格而变化,有时候也起着主引作用。

2) 门扇的类型

(1) 从材质上分。

① 实心门。实心门主要是由整体的材质完整雕作或者小块的完整材质拼合而成。门扇一般的宽度为 1 900 mm×850 mm,由于很难找到这么大一次成型的材质,因此现在的实心门以拼合为主。实心门的隔音性能较佳,但抗变形能力较差。

② 空心门。空心门以夹板压制而成为主,辅以中间木方或夹板裁条做龙骨。空心门的隔音性能较差,但抗变形能力较强。解决隔音性能的问题,可以通过增加两边夹板厚度的办法来解决。

③ 异型材门。异型材门主要是使用铝合金、不锈钢、PVC、塑钢等异型材料制作的。这些材质往往具有防水特征,被大量使用于厨房和洗手间等处。缺点是美观性较差,有时候还会与设计风格冲突。

④ 模压门。模压门是使用热压机将工业材质压制而成,基本上是空心门。

⑤ 玻璃门。玻璃门是比较特殊的一种门扇,首先它的厚度不足以说是一种实心门,而它又不属于异型门,事实上,它是一种特殊形式的门扇。玻璃门的特征是由玻璃本身的特征决定的。例如采用钢化透明玻璃时,门扇就具有通透功能,而采用磨砂玻璃时,则具备半透光功能。

⑥ 格栅门。格栅门是用圆管或方管金属焊接而成。我们平常所见的防盗门即是此种门的最主要体现。

(2) 从类型上分。

① 平开门。这是平常最常见的左开或右开的门扇,它以合页为轴运作,通过手动或电动控制开启,被大量使用于大门、卧室和其他空间。平开门是 Z 轴方向开启的门扇。

② 推拉门。推拉门也是家居比较常见的一种门扇,不过它在同一个装饰工程中,同时采用的数量不会很多。推拉门是 X 轴方向开启的门扇。

③ 折叠门。折叠门与平开门的工作原理一样。最大的不同在于它的门扇是可以折叠的。一般折叠门占用的平开位置只是普通平开门的 1/3 左右。但折叠门缝隙较多,不适宜需要严格隐私的地方。

④ 自由门。自由门是平开门的一种特殊形式,它可以往 Z 轴的两个方向(里外)开启,开启后,可以自动返回闭合状态。自由门的动作是通过自由门弹簧来完成的。

⑤ 其他。有卷市门、弹簧门、旋转门、翻转门、闸式门等,可根据需要选用。

3) 常见门扇问题

(1) 夹板门的制作。制作夹板门,主要体现在构造上。一般清油做法是:先将 15 mm 夹板裁成条状,然后拼凑成方格作为龙骨,然后两边钉上 5 mm 板,再在上面贴上一层 3 mm 装饰面板。门的周边再用 1 mm×5 mm 封口线(也叫门边木线)封闭即可。门扇的 5 mm 与 3 mm 板需要使用胶水,并用重物进行压制,使用的胶水宜用油性胶,例如万能胶。

(2) 不锈钢防盗门的制作。不锈钢防盗门的制作技巧在抗撬性能上。优良的抗撬做法是:使用 1.0~1.2 mm 厚不锈钢板做框,然后使用 0.8~1.0 mm 不锈方钢成 45°角交接并焊牢。现在新的做法还包括在内外再加一块玻璃,这样可以解决格栅清洁不便的问题。

(3) 洗手间门扇的防水问题。要解决这个问题,一是使用防水型材,例如 PVC 或塑钢;二是使用经过防水处理的木材或夹板。前者的缺点在于美观性不足;后者的缺点是工艺复杂,成本较高。

(4) 关于实心门的注意事项。实心门的问题集中在两个方面:一是变形,这个问题主要是通过拼合,增强相互的作用力抵消;二是开裂,要解决这个问题只能通过选用抗裂性能较佳的木材。

1. 虚拟实训

登录上海市级精品课程 2.0"建筑装饰工程施工"网站(http://180.167.24.37:8085),进入相应的仿真施工项目训练。

2. 真实实训

通过对家具制作项目的学习与了解,在现场对家具工程施工项目进行实操训练。

(1) 分组练习。每 5 人为一个小组,按照施工方法与步骤认真进行技能实操训练。

(2) 组内讨论、组间对比。组员之间可就有关施工的方法、步骤和要求进行相互讨论与观摩,以提高实操练习的质量与效率。

项目施工规范

参考《住宅装饰装修工程施工规范》(GB 50327—2001)相对应的内容。

项目验收标准

摘自《上海市住宅装饰装修工程》(DB 31/30—2003):

8　木制品

8.1　橱柜

8.1.1　基本要求

造型、结构和安装位置应符合设计要求,实木框架应采用榫头结构。橱柜表面应砂磨光滑,无毛刺或锤痕。采用贴面材料时,应粘贴平整牢固、不脱胶。边角处不起翘。橱柜台面应光滑平整,橱门和抽屉应安装牢固,开关灵活,下口与底边下口位置平行。

8.1.2　配件应齐全,安装应牢固、正确。

8.1.3　验收要求和方法

橱柜验收要求和方法应按表 7 的规定进行。

表 7　橱柜验收要求及方法　（mm）

序号	项目	质量要求及允许偏差	验收方法		项目分类
			量具	测量方法	
1	安装	牢固	手感	全检	A
2	外观	符合 8.1.1 的要求	目测		B
3	配件	符合 8.1.2 的要求	目测,手感		B
4	立面垂直度	≤2.0	建筑用电子子水平尺或 1m 垂直检测尺	每橱随机选门一扇测量两处取最大值	C
5	对角线长度差(橱体、橱门)ᵃ	≤2	对角检测尺或钢卷尺		C
6	橱门和抽屉	符合 8.1.1 的要求	目测、手感	全检	C
7	台面质量	光滑平整			C

注：a.对角线长度差以 1m 为基础,超过 1m 以百分比推算。

项目七

安全的保障——门窗套施工

　　本项目对室内装饰项目中的门窗套施工进行教学，主要讲解门套施工、窗台板安装两个任务。在室内装饰项目中，门窗套的安装方式比较类似，不同的是窗套施工比门套多一个窗台板的安装施工。门窗套的安装质量直接影响家居的安全防护，是比较重要的施工项目。本项目依据规范及验收标准进行选编，列举室内装饰施工的典型性工作任务进行讲解。

● 任务一　门套施工

● 任务二　窗台板安装

任务一 ▶ 门套施工

任务描述

关于门窗套的装饰面选择，老王夫妇考虑了设计师小李的意见，采用樱桃木饰面，窗台使用金线米黄大理石。在小李的介绍下，老王夫妇了解了门窗套工程的施工过程。

任务分析

现代房屋大多是清水房，因此家庭装修中一个很大的项目就是包门窗套、安装室内门。中国过去的房子，大多以实用为主，随着室内装饰的兴起，人们越来越关注房屋空间的美化和装饰。因此，在门窗框的基础上，发展成为门窗套，即将安装门后剩余的墙壁给包起来，一则美观漂亮，二则起到对墙壁的保护作用。

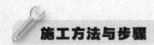

施工方法与步骤

一、工具的准备

准备的工具有枪钉、裁口刨、刨子、锯子、锤子、线坠、电钻等（图7-1）。

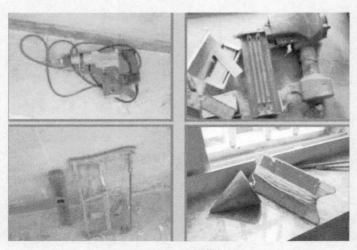

图7-1 工具准备

二、材料的准备

准备的材料有细木工板、防潮纸、胶水、樱桃木饰面板、樱桃木线条(图7-2)。

图7-2 材料准备

三、施工过程

1. 坠吊垂直线

可从顶层开始用大线坠吊垂直,检查门口位置的准确度,并在墙上画出墨线。

2. 打孔设置木砖

根据门的高度合理打孔并设置木砖数量(如成品门套,需填充发泡剂)。

3. 刷白乳胶

门洞平整,均匀在表面刷上一层白乳胶。

4. 贴防潮纸,防潮纸拼贴

防潮纸根据门洞尺寸裁切好后,平整地贴在门洞上。由于防潮纸长度不够,必然要两张纸拼接。

5. 刮平防潮纸

防潮纸铺贴完后,需要刮平。

6. 安装细木工板

把2层细木工板按照门框洞口尺度,预先做好框架,然后放入门洞口。放置时框架的底部要和地面保持10 cm的距离。并用硬物(砖和木塞)进行垫底加固,垫平、垫高。

7. 固定门框基层

对准原先预埋的木砖或木螺丝位置,在细木工板上画出具体位置,用钉子与木砖或木螺丝钉牢。

8. 门框加固

在门框内塞入木塞(及加入发泡剂),固定、填充门框,起牢固稳定作用。

9. 刷胶水

在木工板上均匀地刷上木工胶。

10. 贴饰面板

把樱桃木饰面板按照尺寸要求裁切好后,用枪钉固定。

11. 贴门套线

在门框的上部和左右两侧,分别安装上宽为6 cm的樱桃木成品门套,修边收口。

门套施工过程如图7-3~图7-11所示。

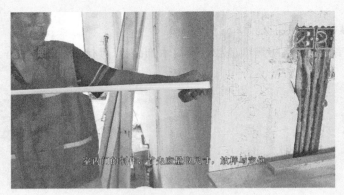

室内门的制作，首先应量取尺寸，放样与定位

图7-3　坠吊垂直线

这是连接木龙骨所用到的铁钉

图7-4　连接龙骨准备

接下来依据量取的尺寸，
利用斜切锯把龙骨断成所需要的长度

图7-5　用斜切锯裁切龙骨

最后用木工刨对龙骨的平整度进行细微的调整
门套龙骨即制作完成

图 7-6 制作门套龙骨

接下来利用定位木板、直角尺与手持式切割机切割门套的基层板

图 7-7 基层制作

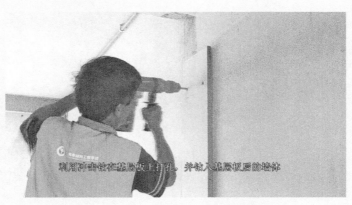

利用冲击钻在基层板上打孔，并钻入基层板层的墙体

图 7-8 安装细木工板

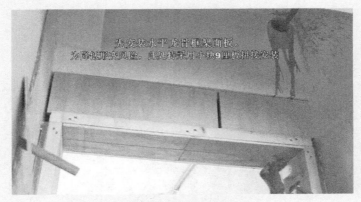

图 7 - 9　固定门框基层

图 7 - 10　检查门套对角线

图 7 - 11　饰面喷涂

知识储备

一、门套类型

门窗套的制作材料很多,家庭装修中大部分以木材为主,也有极少数使用金属材料和塑钢材料。门窗套根据其制作工艺可分为现场制作和工厂制作两种,根据其选材不同,又可分为实木套和复合套两种。复合门窗套大多由底层和面层组成,实木套则由一种实木制作而成。

随着人们对环保的重视和经济条件的提高,部分家庭选用实木门窗套,实木材料具有环保、美观、自然等优点,但也有易变形、热胀冷缩、易裂等缺点。根据最后上色的不同,实木套分为原色、错色和混色等。目前比较常见的实木材料有樟子松、红松、曲柳、楸木,另有部分名贵材料如榉木、楠木、花梨、紫檀等。

根据木材的拼接方式,分为纯实木和集成材两种,集成材是指将细小木材拼接成一张大板,既节省材料,又方便使用。

二、窗套类型

窗户是继门扇之后的主要装饰项目。窗户一般是建筑本体的内容,这里首要解决的是窗套的问题。

1. 窗套

窗套最主要是起着保护窗边的作用。因为长期使用容易使窗边出现破损现象,而窗套多由木质制作,能起着良好的防碰保护作用。

窗套的设计在一定程度上也起着与门套、踢脚线相呼应的功效,因为它们对于整个空间而言,共同承担着收边的作用。窗套是窗台的形式配搭。铺一块大理石在窗台上,往往会感到比较单调和唐突,加上窗套之后,就会感觉完整多了。

关于窗套的风格特征,窗套与门套是相呼应的,一般来讲,如果门没有套,那么窗也不需要窗套。反之,如果有门套而没有窗套,就有一种没有完工的感觉。在大多数情况下,要求窗套的风格与门套相统一。

2. 窗套的款式

(1)半圆线风格。这种风格可能最常见,但将逐步被淘汰。其做法是:先用夹板铺底,再贴上装饰面板,然后使用两条半圆线收边。

(2)单线条风格。这是目前使用最为普遍的风格。先用夹板铺底,然后侧面用面板,正面使用装饰条锁边。这些线条由工厂制作成统一的装饰图案或造型,施工相当方便。

(3)双线条风格。这种风格是未来做法的一种趋势。它与单线条做法一样,不同的是锁边使用两条线条拼接。这种做法可以弥补单线条做法的造型单调,增加款式的多样性。但这种做法一般只适用清油做法,使用混油做法在防裂方面施工有难度。

3. 窗台

窗台的款式主要是从材质上来分类的,常见的材质有大理石、花岗石、人造石、装饰面板和装饰木线。这些材料的优劣特点如下：

（1）大理石。如果选取的色泽纹理理想的话，那么大理石应是窗台的首选。大理石的优点是颜色漂亮、纹理多样，台面可防溅落的雨水。

（2）花岗石。花岗石纹理基本上以颗粒状为主，色泽也有多种。其色泽和纹理都比不上大理石，但比大理石更坚硬耐用。

（3）人造石。人造石的纹理没有太多的特征，但颜色要比上述的天然石有更多选择。选用人造石作窗台的情况有，但不多。

（4）装饰面板。装饰面板作为窗台面，一般跟随窗套的做法，只是面层不再铺垫其他材质，而是直接采用装饰面板。这种做法一般适用于窗台，不太适用于凸窗。

（5）装饰木线。装饰木线做出来的效果类似公园的长椅，这种设计一般适用于凸窗，而且冬天不至于太冷，夏天又不会太热。最主要的是它更具有亲和力。

4. 窗户开启类型

按照开启的方法，窗户可以分为下面两种常见类型：

（1）平开窗。平开窗一般是向外启的，也分单扇、双扇及多扇。

（2）推拉窗。窗户沿轨道向左右两边开启，一般必须两扇以上方可构成推拉窗。

三、门窗套的组成

常见的门套通常由四个层次组成，见表7-1。

表7-1　常见门套组成

层　　次	常用材料
基层（门档）	杉木，柳桉芯，实木复合
饰面板	黑胡桃夹板饰面，柳桉饰面，沙比利面饰、柚木饰面
边线	黑胡桃线条，柳桉线条，沙比利线条、柚木线条
门套油漆	饰面板上起保护作用的一层

四、门套线

以塑木门套线为例做一介绍。塑木材料生产的制成品除具有木材制品的特点外，还具有机械性能好、强度高、防腐、防虫、防湿、抗强酸强碱、不易变形、使用寿命长、可重复使用、阻燃等优点。不会散发危害人类健康的挥发物，可以回收二次利用，是一种全新的绿色环保复合材料。

门套 ⎰ 单边门套（只有一面的门套）
　　　双边门套（有双面的门套，如卧室门）
　　　上窗门套（在普通门套上面留有玻璃上窗的门套）
　　　哑口门套（指不装门的门套，通常哑口门套会有一些造型设计）
　　　推拉门套（为安装推拉门而制作的门套）
　　　窗套（窗套大多是单边套，其制作要求可略低于门套）

门窗套的制作材料很多,家庭装修中大部分以木材为主,也有极少数使用金属材料和塑钢材料。门窗套根据其制作工艺不同,可分为现场制作和工厂制作两种;根据其选材不同,又可分为实木套和复合套两种,复合门窗套大多由底层和面层组成,实木套则由一种实木制作而成。

五、门窗的选择

门窗的实用功能与人们有着密切的关系,门窗性能的好坏关系到节能和日常使用是否方便,门窗的装饰也直接影响到整个建筑物和室内的装饰效果。因此,在选择门窗时应着重考虑以下原则:

1. 统一性

选择门窗时,门窗的造型要与建筑物外立面和室内空间整体装饰效果以及风格相一致,这就要求门窗的形式、造型、材料和风格要与室内外其他部分形成有机的联系。

2. 实用性

选择门窗时,应按照便于使用的原则,采用合理的形式和开启方法。如根据室内的活动空间来选择是采用推拉门窗、平开门窗,还是折叠门等。

3. 安全性

安全性是不应忽视的重要原则。一是门窗产品本身质量造成的安全问题,二是安全使用问题。要选用质量合格的门窗材料和配件。

4. 经济性

经济性是大家关心的一个重要问题。装修应该既要满足装饰的要求,又要节省费用。在保证实用、美观和安全的前提下,尽量选用经济性强的门窗材料和配件。

因此,在选择时要进行充分的市场调研,然后做出准确的选择。

六、门窗安装施工成品保护

(1) 材料堆放位置应事先安排,切勿任意堆放,以免影响施工。堆放时应注意以下几点:

① 不得影响施工作业的反复搬迁,不损材费工。

② 分类堆放,便于使用。

③ 不易区分的材料应有标签。

(2) 门窗安装过程中,对门窗应采取防水防潮措施。雨季长和湿度大的地区,应及时做门窗底漆。

(3) 安装门窗时,不得损坏门窗和小五金件,也不得损坏室内其他物品。

(4) 门窗安装后,窗口严禁做物料通道,如必要时,应钉护板。

(5) 完工后应清扫场地,擦去粘在门窗上的污物。

(6) 材料表面的保护膜应在工程竣工后去除。

七、木门窗制作与安装的常见工程质量通病及防治措施

1. 木门窗松动

(1) 现象。窗框松动与抹灰层间产生缝隙。

（2）原因。木砖预埋不牢固,特别是半砖墙中的木砖不稳固。安装时,锤击木砖造成松动,未修补。窗框与墙体间缝隙未嵌实。

（3）防治措施。木砖的数量位置应按图纸或有关规定设置,间距一般不超过 600 mm,单砖墙或轻隔墙应埋特指木砖。较大的门窗框或硬木门窗要与墙体组合。木桩松动或间距过大,应预先加固或补埋。要加大钉子,以防止垫木或门窗劈裂,可先引钻一孔,然后再钉进。

2. 门窗扇不灵活

（1）现象。扇与框之间有局部碰撞,开关困难。

（2）原因。门窗框、扇的侧面不平整,留缝度太小。链槽深浅不均匀,安装不平整、不垂直,门窗扇下垂、倒翘,与门窗相碰。地面不平整,门扇与地面局部摩擦。

（3）防治措施。检验门扇前应检查框的立挺是否垂直,如有偏差,需要修整后再安装;安装合页,应保证合页进出、深浅一致,上下合页轴保持在一个垂直线上;选用五金件要配套,针对出现的问题应采取相应措施修理。

1. 虚拟实训

登录上海市级精品课程 2.0"建筑装饰工程施工"网站（http://180.167.24.37:8085）,进入相应的仿真施工项目训练。

2. 真实实训

通过对门窗套施工项目的学习与了解,在现场对门套施工项目进行实操训练。

（1）分组练习。每 5 人为一个小组,按照施工方法与步骤认真进行技能实操训练。

（2）组内讨论、组间对比。组员之间可就有关施工的方法、步骤和要求进行相互讨论与观摩,以提高实操练习的质量与效率。

项目施工规范

摘自《住宅装饰装修工程施工规范》（GB 50327—2001）:

10 门窗工程

10.1 一般规定

10.1.1 本章适用于木门窗,铝合金门窗、塑料门窗安装工程的施工。

10.1.2 门窗安装前应按下列要求进行检查:

① 门窗的品种、规格、开启方向、平整度等应符合国家现行有关标准规定,附件应齐全。

② 门窗洞口应符合设计要求。

10.1.3 门窗的存放、运输应符合下列规定:

① 木门窗应采取措施防止受潮、碰伤、污染与暴晒。

② 塑料门窗储存的环境温度应小于 50 ℃;与热源的距离不应小于 1 m,当在温度为 0 ℃的环境中存放时,安装前应在室温下放置 24 h。

③ 铝合金、塑料门窗运输时应竖立排放并固定牢靠。樘与樘间应用软质材料隔开,防止相互磨损及压坏玻璃和五金件。

10.1.4 门窗的固定方法应符合设计要求。门窗框、扇在安装过程中,应防止变形和损坏。

10.1.5 门窗安装应采用预留洞口的施工方法,不得采用边安装边砌口或先安装后砌口的施工方法。

10.1.6 推拉门窗扇必须有防脱落措施,扇与框的搭接应符合设计要求。

10.1.7 建筑外门的安装必须牢固,在砖砌体上安装门窗严禁用射钉固定。

10.2 主要材料质量要求

10.2.1 门窗、玻璃、密封胶等应按设计要求选用,并应有产品合格证书。

10.2.2 门窗的外观、外形尺寸、装配质量、力学性能应符合国家现行标准的有关规定,塑料门窗中的竖框、中横框或拼樘料等主要受力杆件中的增强型钢,应在产品说明中注明规格、尺寸。门窗表面不应有影响外观质量的缺陷。

10.2.3 木门窗采用的木材,其含水率应符合国家现行标准的有关规定。

10.2.4 在木门窗的结合处和安装五金配件处,均不得有木节或已填补的木节。

10.2.5 金属门窗选用的零附件及固定件,除不锈钢外均应经防腐蚀处理。

10.2.6 塑料门窗组合窗及连窗门的拼樘应采用与其内腔紧密吻合的增强型钢作为内衬,型钢两端比拼樘料长出 10～15 mm。外窗的拼樘料截面积尺寸及型钢形状、壁厚,应能使组合窗承受本地区的瞬间风压值。

10.3 施工要点

10.3.1 木门窗的安装应符合下列规定:

① 门窗框与砖石砌体、混凝土或抹灰层接触部位以及固定用木砖等均应进行防腐处理。

② 门窗框安装前应校正方正,加钉必要拉条避免变形。安装门窗框时,每边固定点不得少于两处,其间距不得大于 1.2 m。

③ 门窗框需镶贴脸时,门窗框应凸出墙面,凸出的厚度应等于抹灰层或装饰面层的厚度。

④ 木门窗五金配件的安装应符合下列规定:

1) 合页距门窗扇上下端宜取立挺高度的 1/10,并应避开上、下冒头。

2) 五金配件安装应用木螺钉固定。硬木应钻 2/3 深度的孔,孔径应略小于木螺钉直径。

3) 门锁不宜安装在冒头与立挺的结合处。

4) 窗拉手距地面宜为 1.5～1.6 m,门拉手距地面宜为 0.9～1.05 m。

10.3.2　铝合金门窗的安装应符合下列规定:

① 门窗装入洞口应横平竖直,严禁将门窗框直接埋入墙体。

② 密封条安装时应留有比门窗的装配边长 20～30 mm 的余量,转角处应斜面断开,并用胶黏剂粘贴牢固,避免收缩产生缝隙。

③ 门窗框与墙体间缝隙不得用水泥砂浆填塞,应采用弹性材料填嵌饱满,表面应用密封胶密封。

10.3.3　塑料门窗的安装应符合下列规定:

① 门窗安装五金配件时,应钻孔后用自攻螺钉拧入,不得直接锤击钉入。

② 门窗框、副框和扇的安装必须牢固。固定片或膨胀螺栓的数量与位置应正确,连接方式应符合设计要求,固定点应距窗角、中横框、中竖框 150～100 mm,固定点间距应小于或等于 600 mm。

③ 安装组合窗时应将两窗框与拼樘料卡接,卡接后应用紧固件双向拧紧,其间距应小于或等于 600 mm,紧固件端头及拼樘料与窗框间的缝隙应用嵌缝膏进行密封处理。拼樘料型钢两端必须与洞口固定牢固。

④ 门窗框与墙体间缝隙不得用水泥砂浆填塞,应采用弹性材料填嵌饱满,表面应用密封胶密封。

10.3.4　木门窗玻璃的安装应符合下列规定:

① 玻璃安装前应检查框内尺寸、将裁口内的污垢清除干净。

② 安装长边大于 1.5 m 或短边大于 1 m 的玻璃,应用橡胶垫并用压条和螺钉固定。

③ 安装木框、扇玻璃,可用钉子固定,钉距不得大于 300 mm,且每边不少于两个;用木压条固定时,应先刷底油后安装,并不得将玻璃压得过紧。

④ 安装玻璃隔墙时,玻璃在上框面应留有适量缝隙,防止木框变形,损坏玻璃。

⑤ 使用密封膏时,接缝处的表面应清洁、干燥。

10.3.5　铝合金、塑料门窗玻璃的安装应符合下列规定:

① 安装玻璃前,应清出槽口内的杂物。

② 使用密封膏前,接缝处的表面应清洁、干燥。

③ 玻璃不得与玻璃槽直接接触,并应在玻璃四边垫上不同厚度的垫块,边框上的垫块应用胶黏剂固定。

④ 镀膜玻璃应安装在玻璃的最外层,单面镀膜玻璃应朝向室内。

项目验收标准

摘自《上海市住宅装饰装修验收标准》(DB 31/30—2003):

9 门窗

9.1 铝合金门窗

9.1.1 基本要求

门窗的品种规格、开启方向及安装位置应符合设计规定。门窗安装必须牢固,横平竖直。门窗框与墙体之间的缝隙应采用弹性材料填嵌饱满,并采用密封胶密封,密封胶应粘结牢固。门窗应开关灵活,关闭严密,无倒翘。推拉门窗扇必须有防脱落措施。门窗配件齐全,安装应牢固,位置应正确,门窗表面应洁净,大面无划痕、碰伤,外门外窗无雨水渗漏。自行制作的铝合金门窗应符合《铝合金门窗》(GB/T 8478—2008)、《铝合金窗》(GB/T 8479—2003)的要求,铝合金门型材的壁厚规格应不小于2.0 mm,窗型材的壁厚规格应不小于1.4 mm。

9.1.2 验收要求及方法

铝合金门窗的安装质量的验收要求及方法应按表11的规定进行。

表11 铝合金门窗的安装及验收方法 (mm)

序号	项目		质量要求允许偏差	验收方法		项目分类
1	安装		符合9.1.1的要求	对照设计图纸和文件,用目测和手感全数检查		A
2	表面质量及配件					B
3	型材壁厚			精度为0.02 mm的游标卡尺全检		B
4	门窗槽口宽度、高度	≤1 500 mm	≤1.5	钢卷尺	每室随机测量两处,取最大值	C
		>1 500 mm	≤2			
5	门窗槽口对角线长度差	≤2 000 mm	≤3	对角检测尺或钢卷尺		C
		>2 000 mm	≤4			
6	门窗框的正/侧面垂直度		≤2.5	建筑用电子水平尺或1 m垂直检测尺		C
7	门窗横框的水平度		≤2	建筑用电子水平尺或1 m水平尺/塞尺		C
8	门框横框的标高		≤5	钢直尺		C
9	门窗竖向偏离中心		≤5			C
10	双层门窗内外框间距		≤4			C
11	推拉门窗扇与框搭接量		≤1.5			C

任务描述

施工队长朱师傅向设计师小李询问老王家窗台板的材料及施工方法。

任务分析

小李给老王家设计窗台板是使用金线米黄大理石板,所以窗台板的施工方法也是大理石窗台板安装。

施工方法与步骤

一、工具的准备

准备的工具有电动锯石机、锤子、割角尺、橡皮锤、靠尺板、铁水平尺(图7-12)。

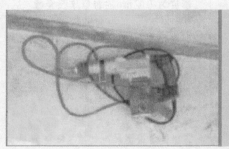 

图7-12 工具准备

二、材料的准备

准备的材料是金线米黄大理石板(图7-13)。

图 7 - 13 材料准备

三、施工过程

1. 安装窗台板

（1）窗台板一般直接装在窗台面上，在窗下墙须面上安装磨边后的石材线条，用砂浆或细石混凝土稳固。

（2）用木龙骨支撑和固定墙须面的石材线条，并用橡皮锤把台板面敲实压平。

2. 窗洞找平

两端窗洞用水泥砂浆找平。

3. 切割石材

按照洞口实际尺寸切割，并做好对角切割。

4. 安装内侧窗套

先安装洞口内侧的大理石，打上玻璃胶后，插入石材板，并用靠尺板、铁水平尺确定水平。

5. 安装外侧窗套

先打上玻璃胶，再调好大理石胶粉，并涂在需安装的面上，最后把大理石窗套对准后安装固定。

6. 加固

安装好后要在各个边角加固。

窗台板安装如图 7 - 14～图 7 - 22 所示。

图 7 - 14 材料准备

首先将铝合金框放置进安装位置

图 7‑15　放置窗框

用激光水平仪校准水平高度，利用靠尺、铅垂校准垂直度，
轻敲窗框作微调，直至横平竖直

图 7‑16　调整位置

注意孔洞须位于窗框的中间，间隔一般不超过500 mm。
钻头透过金属框，止于混凝土或砖墙的边框

图 7‑17　框架钻孔

将膨胀螺栓连同膨胀管一同钉入孔内，再收紧膨胀螺丝

图 7-18 膨胀螺丝固定

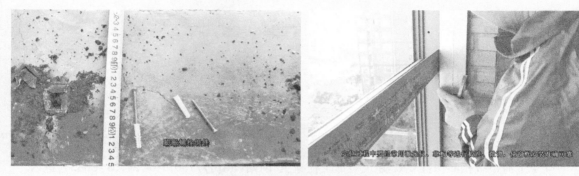

膨胀螺栓组件

完成过程中要经常用靠尺仪、靠板等进行校准、微调，使窗框安装准确可靠

图 7-19 窗框位置校准、微调

结构胶打在窗框与墙层的外侧接缝处，打胶时枪头须贴着接缝，手势稳定均匀，慢速推进，令附着在建筑上的结构胶条截面呈等边的三角形

图 7-20 打侧面顶面结构胶

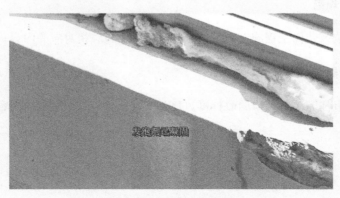

发泡剂压紧面

图 7-21 下部打发泡剂

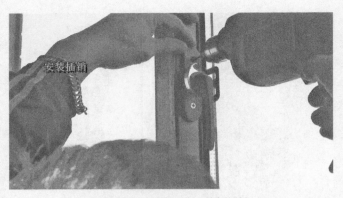

图 7 - 22　安装固定玻璃与插销

1. 虚拟实训

登录上海市级精品课程 2.0"建筑装饰工程施工"网站(http://180.167.24.37:8085),进入相应的仿真施工项目训练。

2. 真实实训

通过对窗台板安装项目的学习与了解,在现场对窗台板安装施工项目进行实操训练。

(1) 分组练习。每 5 人为一个小组,按照施工方法与步骤认真进行技能实操训练。

(2) 组内讨论、组间对比。组员之间可就有关施工的方法、步骤和要求进行相互讨论与观摩,以提高实操练习的质量与效率。

项目施工规范

参考《住宅装饰装修工程施工规范》(GB 50327—2001)相对应的内容。

项目验收标准

参考《上海市住宅装饰装修验收标准》(DB 31/30—2003)相对应的内容。

项目八

美的需求——装饰墙制作

本项目对室内装饰项目中的装饰墙制作进行教学，主要讲解大理石背景墙面施工、马赛克背景墙面施工两个任务。 在室内装饰项目中，装饰墙面的施工是因人对美的需求而产生的。 装饰墙面的制作有多种方法，这里主要列举两种。 本项目依据规范及验收标准进行选编，列举室内装饰施工的典型性工作任务进行讲解。

任务一 大理石背景墙施工

任务二 马赛克背景墙施工

任务一　大理石背景墙施工

任务描述

　　本案中装饰墙最主要的是客厅使用木纹大理石配中式窗格电视背景墙和马赛克拼花的装饰墙。

任务分析

　　色彩搭配与平时人们生活紧密相连。同一色彩搭配对不同户型、环境的居室,其作用是不一样的。如今家庭装修风格众多,而且不同年龄、背景的人群对居室的色彩搭配要求不同。在装修中,业主该如何根据自己喜爱的色彩进行搭配呢? 色彩修饰家居空间,基调决定家居冷暖。装修色彩主要包括冷暖两大色系,不同的装修色彩反映了不同装修业主的个性特征。

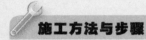

施工方法与步骤

一、工具的准备

准备的工具包括电动锯石机、锤子、割角尺、橡皮锤、靠尺板、铁水平尺、桁架(图8-1)。

图 8-1　工具准备

二、材料的准备

准备的材料包括成品木纹大理石板、胶石、干挂构件、玻璃胶(图 8-2)。

图 8-2 材料准备

三、施工过程

1. 验收石材

用比色法对石材的颜色进行挑选分类,安装在同一面的石材颜色应一致,按设计图纸及分块顺序将石材编号。

2. 搭设脚手架

采用钢管扣件搭设双排脚手架,架子上下满铺跳板,外侧设置安全防护网。

3. 测量放线

清理结构表面,进行结构套方,弹出垂直线和水平线。并根据设计图纸和实际需要弹出安装石材的位置线和分块线。

4. 钻孔开槽

安装石板前先测量准确位置,然后再进行钻孔开槽,预埋配件。

配件胶石粉填缝。

5. 切割、开槽

墙面大小进行切割,并在大理石背面根据配件位置开槽。

6. 支底层饰面板托架

7. 上连接铁件

用设计规定的不锈钢螺栓固定角钢和平钢板。调整平钢板的位置,使平钢板的小孔正好与石板的插入孔对上,固定平钢板,用扳手拧紧。

8. 底层石板安装、调整固定

把侧面的连接铁件安好,便可把底层面板靠角上的一块就位。面板暂固定后,调整水平度,如板面上口不平,可在板底的一端下口的连接平钢板上垫一相应的双股铜丝垫。

9. 以此往上铺贴，并用水平尺测量

10. 顶部面板安装

11. 侧边的墙柱小块铺贴

均匀地打上玻璃胶和胶石黏结进行固定。

12. 清理大理石

干挂石材做法如图 8-3～图 8-9 所示，石材湿贴做法如图 8-10～图 8-15 所示。

图 8-3　弹线放样

图 8-4 测量并记录尺寸

图 8-5 石材开槽

图 8-6 涂抹干挂胶

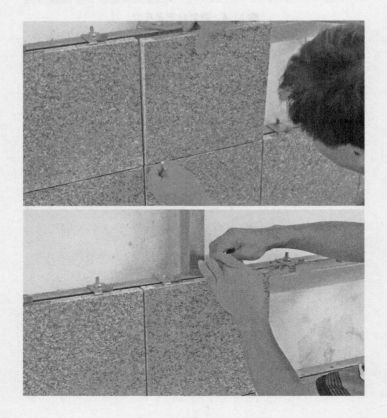

图 8-7　调整伸缩节片

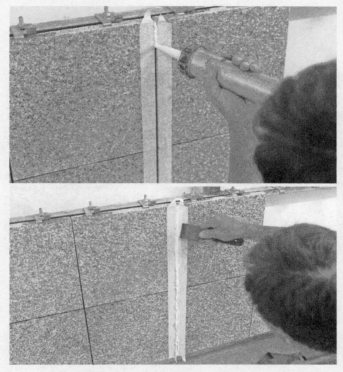

图 8-8　填缝胶勾缝

图 8-9　表面清洁养护

图 8-10　材料准备

图 8-11　弹线放样

图 8-12　背面抹砂浆

图 8-13 粘贴石材

图 8-14 勾缝擦缝

图 8-15 表面清洁养护

知识储备

一、大理石种类

大理石是以大理岩为代表的一类岩石,包括碳酸盐岩和有关的变质岩,相对花岗石来说一般质地较软。常见岩石有大理岩、石灰岩、白云岩和矽卡岩等。大理石的品种划分和命名原则不一,有的以产地和颜色命名,如丹东绿、铁岭红等;有的以花纹和颜色命名,如雪花白、艾叶青;

有的以花纹形象命名,如秋景、海浪;有的是传统名称,如汉白玉、晶墨玉等。因此,因产地不同,常有同岩异名或异岩同名现象出现。

我国所产大理石依其抛光面的基本颜色,大致可分为白、黄、绿、灰、红、咖啡、黑色七个系列。每个系列依其抛光面的色彩和花纹特征又可分为若干亚类,如:汉白玉、松香黄、丹东绿、杭灰等。大理石的花纹、结晶粒度的粗细千变万化,有山水型、云雾型、图案(螺纹、柳叶、文像、古生物等)型、雪花型等。现代建筑是多姿多彩、不断变化的,因此,对装饰用大理石也要求多品种、多花色,能配套用于建筑物的不同部位。一般对单色大理石要求颜色均匀,彩花大理石要求花纹、深浅逐渐过渡,图案型大理石要求图案清晰、花色鲜明、花纹规律性强。总之,花色美观、便于大面积拼接装饰、能够同花色批量供货为好。

不同类型大理石的图片、名称和用途如图 8-16 所示。

石材名称:鱼肚白
石材用途:室内地面、室内墙面、
柱面、楼梯、台面板、壁炉

石材名称:云彩玉
石材用途:室内地面、室内墙面

石材名称:葡萄紫
石材用途:室内墙面、室外墙面、
台面板

石材名称:蓝海
石材用途:室内地面、室内墙面、
室外墙面、台面板、洗手池

石材名称:红木
石材用途:室内墙面、楼梯、
台面板、洗手池

石材名称:雪花白(特级)
石材用途:室内地面、室内墙面、
楼梯、台面板、洗手池、浴缸、壁炉

石材名称:白云玉
石材用途:室内地面、室内墙面、
台面板、洗手池

石材名称:火凤凰(龙凤呈祥)
石材用途:室内地面、室内墙面、
台面板、洗手池

石材名称:龙腾四海(红河谷)
石材用途:室内墙面、台面板、
洗手池

石材名称:冰川精灵
石材用途:室内地面、室内墙面

石材名称:海冰蓝
石材用途:室内地面、室内墙面、
台面板

石材名称:火山焰
石材用途:室内墙面、室外墙面、
洗手池

石材名称: 黑金花
石材用途: 室内地面、室内墙面、
柱面、楼梯、台面板、洗手池

石材名称: 黑海玉
石材用途: 室内地面、室内墙面

石材名称: 金丝白玉
石材用途: 室内墙面、室外墙面

图 8-16 不同类型的大理石的图片、名称和用途

二、 大理石铺贴方法

目前天然大理石在家庭装饰中大多采用湿铺贴与干铺贴两种方法。

1. 湿铺贴法

把现场清理干净,先洒适量的水以利施工,将 325♯ 水泥与沙以 1∶3 的比例混合成砂浆(混合砂浆最好不要超过 200♯,否则,混合砂浆标号过高,后期用力不均匀或热胀冷缩时会使天然大理石砖造成损坏,从而影响装饰效果,严重时还会造成施工质量事故),以长约 1 m 的木尺打底,将约 25～35 mm 厚砂浆彻底抹平,接着放样线。然后在施工地面上洒上水泥粉,把水泥拨弄均匀,再次洒上少量水泥粉,以增加与水泥砂浆的粘性。

2. 干铺贴法

先将地面洒水湿润,涂刷水灰比为 1∶(0.4～0.5)的水泥浆一道,随刷随铺水泥砂浆找平层。找平层为 1∶3 干硬性水泥砂浆,其表面应平整干净,无油脂杂质,如有起砂、麻面或裂缝,应用乳胶腻子分遍涂刷,并砂磨平整,再用稀释的乳胶液涂刷一遍。胶黏剂涂刷前,表面应保持干燥(含水率≤9%)。涂刷底胶按产品配套,可采用非水溶性同类胶黏剂,加其重量 10% 的 65 号汽油和 10% 醋酸乙酯或乙酸乙酯搅拌均匀使用;当采用水溶性胶黏剂时,可按同类胶加水稀释后作底子胶(胶水比 1∶1)。胶黏剂按产品说明使用,单面涂胶(仅涂于基层表面)或双面涂胶(基层表面及石砖面同时涂胶)。涂刷厚度 2～3 mm(按胶黏剂产品要求确定涂刷厚度与涂胶后静停时间)然后将大理石砖与基础面贴密实,并用水平尺测量,确保大理石砖铺贴水平。

三、 大理石背景墙检测验收

大理石检验标准: 大理石、花岗石面层采用天然大理石、花岗石(或碎拼大理石、碎拼花岗石)板材应在结合层上铺设。

天然大理石、花岗石的技术等级、光泽度、外观等质量要求应符合国家现行行业标准《天然大理石建筑板材》(JC 79—92)、《天然花岗石建筑板材》(JC 205—92)的规定。

板材有裂缝、掉角、翘曲及表面有缺陷时应予剔除,品种不同的板材不得混杂使用;在铺设前,应根据石材的颜色、花纹、图案、纹理等按设计要求,试拼编号。

铺设大理石、花岗石面层前,板材应浸湿、晾干。结合层与板材应分段同时铺设。

大理石、花岗石面层所用板块的品种、质量应符合设计要求。

检验方法: 观察检查和检查材质合格记录。

面层与下一层应结合牢固,无空鼓。

检验方法:用小锤轻击检查。

注意:凡单块板块边角有局部空鼓,且每自然间(标准间)不超过总数的5%可不计(否则返工)。

大理石、花岗石面层的表面应洁净、平整、无磨痕,且应图案清晰、色泽一致、接缝均匀、周边顺直、镶嵌正确,板块无裂纹、掉角、缺楞等缺陷。

检验方法:观察检查。

四、墙柱饰面板(砖)饰面工程质量通病防治

1. 瓷砖空鼓、脱落

1)原因

(1)基层表面光滑,铺贴前基层没有湿水或者湿水不透,水分被基层吸收掉,影响粘结力。

(2)基层偏差大,铺贴抹灰过厚,导致干缩过大。

(3)粘贴砂浆过稀,粘贴不密实。

(4)粘贴砂浆初凝后拨动瓷砖。

(5)门窗框边封堵不严,开启引起木砖松动,产生瓷砖空鼓。

(6)使用质量不合格的瓷砖,瓷砖破裂自落。

2)防治措施

(1)基层凿毛,铺贴前墙面应浇透水,混凝土墙面应提前两天浇水。

(2)基层凸出部位铲平,凹处用水泥砂浆补平,脚手架眼洞、管线穿墙处用砂浆填严。不同材料墙面接头处,用水泥砂浆抹平再铺贴瓷砖。

(3)瓷砖使用前必须提前2 h浸泡并晾干。

(4)砂浆应具有良好的和易性与稠度,操作中用力要均匀,嵌缝应密实。

(5)瓷砖铺贴应随时纠偏,粘贴砂浆初凝后严禁拨动瓷砖。

(6)对原材料严格把关验收。

2. 石材板材接缝补平,板面纹理不顺,色泽差异大

1)原因

(1)饰面板翘曲不平,角度不方正。

(2)安装时,钢丝绑扎不牢或无固定措施,灌浆时走移。

(3)未及时用靠尺检查调平。

(4)大理石等未试拼、编号,未选配颜色。

2)防治措施

(1)安装前,应先将有缺棱掉角、翘曲的板剔除,石材做套方检查。

(2)钢丝应绑扎牢固,依照施工程序做夹具固定灌浆。

(3)每道工序必须用靠尺检查调整,使表面平整。

(4)天然板材必须试拼,使板与板间纹理结晶通顺,颜色协调并编号使用。

3. 大理石板墙面碰损、污染

1）原因

（1）运输中搬运不当。

（2）包装和施工中受污染。

（3）贴面后未加保护。

2）防治措施

（1）石材较脆，搬运和堆放过程中必须直立搬运，避免一角着地而使棱角受损。大尺寸块材应平运。

（2）浅色石材不宜用草绳捆扎，避免板面被湿绳色素污染。施工中，板材应用塑料膜遮盖，如沾上砂浆，应立即抹干净。

（3）贴面完成后，所有阳角部位用高木板保护。

1. 虚拟实训

登录上海市级精品课程 2.0"建筑装饰工程施工"网站（http://180.167.24.37:8085），进入相应的仿真施工项目训练。

2. 真实实训

通过对大理石背景墙施工项目的学习与了解，在现场对大理石背景墙施工项目进行实操训练。

（1）分组练习。每 5 人为一个小组，按照施工方法与步骤认真进行技能实操训练。

（2）组内讨论、组间对比。组员之间可就有关施工的方法、步骤和要求进行相互讨论与观摩，以提高实操练习的质量与效率。

项目施工规范

摘自《住宅装饰装修工程施工规范》（GB 50327—2001）：

12   墙面铺装工程

12.1   一般规定

12.1.1   本章适用于石材、墙面砖、木材、织物、壁纸等材料的住宅墙面铺贴安装工程施工。

12.1.2   墙面铺装工程应在墙面隐蔽及抹灰工程、吊顶工程已完成并经验收后进行。当墙体有防水要求时,应对防水工程进行验收。

12.1.3   采用湿作业法铺贴的天然石材应作防碱处理。

12.1.4   在防水层上粘贴饰面砖时,粘结材料应与防水材料的性能相容。

12.1.5   墙面面层应有足够的强度,其表面质量应符合国家现行标准的有关规定。

12.1.6   湿作业施工现场环境温度宜在5℃以上;裱糊时空气相对湿度不得大于85%,应防止湿度及温度剧烈变化。

12.2   主要材料质量要求

12.2.1   石材的品种、规格应符合设计要求,天然石材表面不得有隐伤、风化等缺陷。

12.2.2   墙面砖的品种、规格应符合设计要求,并应有产品合格证书。

12.2.3   木材的品种、质量等级应符合设计要求,含水率应符合国家现行标准的有关要求。

12.2.4   织物、壁纸、胶黏剂等应符合设计要求,并应有性能检测报告和产品合格证书。

12.3   施工要点

12.3.1   墙面砖铺贴应符合下列规定:

①   墙面砖铺贴前应进行挑选,并应浸水2 h以上,晾干表面水分。

②   铺贴前应进行放线定位和排砖,非整砖应排放在次要部位或阴角处。每面墙不宜有两列非整砖,非整砖宽度不宜小于整砖的1/3。

③   铺贴前应确定水平及竖向标志,垫好底尺,挂线铺贴。墙面砖表面应平整、接缝应平直、缝宽应均匀一致。阴角砖应压向正确,阳角线宜做成45°角对接,在墙面突出物处,应整砖套割吻合,不得用非整砖拼凑铺贴。

④   结合砂浆宜采用1:2水泥砂浆,砂浆厚度宜为6~10 mm。水泥砂浆应满铺在墙砖背面,一面墙不宜一次铺贴到顶,以防塌落。

12.3.2   墙面石材铺装应符合下列规定:

①   墙面砖铺贴前应进行挑选,并应按设计要求进行预拼。

②   强度较低或较薄的石材应在背面粘贴玻璃纤维网布。

③   当采用湿作业法施工时,固定石材的钢筋网应与预埋件连接牢固。每块石材与钢筋网拉接点不得少于4个。拉接用金属丝应具有防锈性能。灌注砂浆前应将石材背面及基层湿润,并应用填缝材料临时封闭石材板缝,避免漏浆。灌注砂浆宜用1:2.5水泥砂

浆,灌注时应分层进行,每层灌注高度宜为150～200 mm,且不超过板高的1/3,插捣应密实。待其初凝后方可灌注上层水泥砂浆。

④ 当采用粘贴法施工时,基层处理应平整但不应压光。胶黏剂的配合比应符合产品说明书的要求。胶液应均匀、饱满地刷抹在基层和石材背面,石材就位时应准确,并应立即挤紧、找平、找正,进行顶卡固定。溢出胶液应随时清除。

12.3.3　木装饰装修墙制作安装应符合下列规定:

① 制作安装前应检查基层的垂直度和平整度,有防潮要求的应进行防潮处理。

② 按设计要求弹出标高、竖向控制线、分格线。打孔安装木砖或木楔,深度应不小于40 mm,木砖或木楔应做防腐处理。

③ 龙骨间距应符合设计要求。当设计无要求时:横向间距宜为300 mm,竖向间距宜为400 mm。龙骨与木砖或木楔连接应牢固。龙骨本质基层板应进行防火处理。

④ 饰面板安装前应进行选配,颜色、木纹对接应自然协调。

⑤ 饰面板固定应采用射钉或胶粘接,接缝应在龙骨上,接缝应平整。

⑥ 镶接式木装饰墙可用射钉从凹样边倾斜射入。安装第一块时必须校对竖向控制线。

⑦ 安装封边收口线条时应用射钉固定,钉的位置应在线条的凹槽处或背视线的一侧。

12.3.4　软包墙面制作安装应符合下列规定:

① 软包墙面所用填充材料、纺织面料和龙骨、木基层板等均应进行防火处理。

② 墙面防潮处理应均匀涂刷一层清油或满铺油纸。不得用沥青油毡做防潮层。

③ 木龙骨宜采用凹槽榫工艺预制,可整体或分片安装,与墙体连接应紧密、牢固。

④ 填充材料制作尺寸应正确,棱角应方正,应与木基层板粘接紧密。

⑤ 织物面料裁剪时经纬应顺直。安装应紧贴墙面,接缝应严密,花纹应吻合,无波纹起伏、翘边和褶皱,表面应清洁。

⑥ 软包布面与压线条、贴脸线、踢脚板、电气盒等交接处应严密、顺直、无毛边。电气盒盖等开洞处,套割尺寸应准确。

12.3.5　墙面裱糊应符合下列规定:

① 基层表面应平整、不得有粉化、起皮、裂缝和突出物,色泽应一致。有防潮要求的应进行防潮处理。

② 裱糊前应按壁纸、墙布的品种、花色、规格进行选配。拼花、裁切、编号、裱糊时应按编号顺序粘贴。

③ 墙面应采用整幅裱糊,先垂直面后水平面,先细部后大面,先保证垂直后对花拼缝,垂直面是先上后下,先长墙面后短墙面,水平面是先高后低。阴角处接缝应搭接,阳角处应包角,不得有接缝。

④ 聚氯乙烯塑料壁纸裱糊前应先将壁纸用水润湿数分钟,墙面裱糊时应在基层表面

涂刷胶黏剂,顶棚裱糊时,基层和壁纸背面均应涂刷胶黏剂。

⑤ 复合壁纸不得浸水,裱糊前应先在壁纸背面涂刷胶黏剂,放置数分钟,裱糊时,基层表面应涂刷胶黏剂。

⑥ 纺织纤维壁纸不宜在水中浸泡,裱糊前宜用湿布清洁背面。

⑦ 带背胶的壁纸裱糊前应在水中浸泡数分钟。裱糊顶棚时应涂刷一层稀释的胶黏剂。

⑧ 金属壁纸裱糊前应浸水 1~2 min,阴干 5~8 min 后在其背面刷胶。刷胶应使用专用的壁纸粉胶,一边刷胶,一边将刷过胶的部分,向上卷在发泡壁纸卷上。

⑨ 玻璃纤维基材壁纸、无纺墙布无需进行浸润。应选用粘接强度较高的胶黏剂,裱糊前应在基层表面涂胶,墙布背面不涂胶。玻璃纤维墙布裱糊对花时不得横拉斜扯,避免变形脱落。

⑩ 开关、插座等突出墙面的电气盒,裱糊前应先卸去盒盖。

项目验收标准

摘自《上海市住宅装饰装修验收标准》(DB 31/30—2003):

8.2　墙饰板

8.2.1　基本要求

墙饰板表面应光洁,木纹朝向一致,接缝紧密,棱边、棱角光滑,无毛刺或飞边,板面间装饰性缝隙宽度均匀,墙饰板应安装牢固,上沿线水平,无明显偏差,阴阳角应垂直,墙饰板用于特殊场合时应做好防护处理。

8.2.2　验收要求及方法

墙饰板的验收要求和方法应按表 8 的规定进行。

表 8　墙饰板验收要求及方法 　　　　　　　　　　　　　　　　(mm)

序号	项目	质量要求及允许偏差	验收方法		项目分类
			量具	测量方法	
1	安装	牢固	手感	全检	B
2	外观	符合 8.1.2 要求	目测		B
3	上口直线度	≤2.0	5 m 拉线、钢直尺	每面测量两处,取最大值	C
4	立面垂直度	≤1.5	建筑用电子水平尺或 2 m 垂直检测尺		C
5	表面平整度	≤1.0	建筑用电子水平尺或 2 m 靠尺、塞尺		C
6	接缝宽度	≤1.0	钢直尺		C
7	接缝高低差	≤0.5	钢直尺、塞尺		C

任务二 ▶ 马赛克背景墙施工

任务描述

今天,设计师小李与王太太一起相约去装饰市场挑选马赛克背景墙面的材料,一路上小李给王太太介绍了马赛克的发展历史及施工方法。

任务分析

提起马赛克,人们一定不会感到陌生。早在 20 世纪 80 年代初,马赛克就是许多家庭铺设卫生间墙面、地面的材料。时至今日,马赛克卷土重来,以多姿多彩的形态重新成为装饰材料界的宠儿,备受前卫、时尚家庭的青睐。

施工方法与步骤

一、材料的准备

所准备的材料包括成品马赛克、瓷砖胶(图 8 - 17)。

图 8 - 17 材料准备

二、施工过程

1. 墙面处理

应清除基层的杂物、尘土,在要进行施工的位置装上木夹板,并且将上部分也包入木夹板。

2. 清除污渍

清除木板上的各种污渍,保证木板干燥、清洁、平整,在墙面上刷一层白乳胶。

3. 上玻璃胶

均匀地在木板上涂上玻璃胶。

4. 镶贴

等玻璃胶处于半干状态,将有网的一面按箭头方向,与施工图编号顺序对应贴上即可,并用专业胶版将画轻轻拍实。

5. 贴侧边

用同样的方法,打上玻璃胶,贴上马赛克。

6. 完成

铺贴好的画完全干后撕掉标签,用拧干的湿布轻拭上面的灰尘和杂质。

马赛克背景墙施工过程如图 8-18～图 8-22 所示。

图 8-18 抹结合层

图 8-19 背面抹砂浆

图 8-20 铺贴马赛克

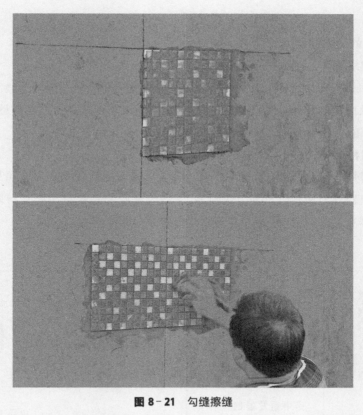

图 8-21 勾缝擦缝

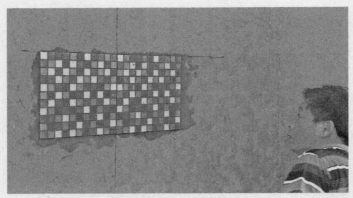

图 8-22   表面清洁养护

一、马赛克的基本知识

1. 马赛克的用途

主要用于墙面和地面的装饰。由于马赛克单颗的单位面积小,色彩种类繁多,具有无穷的组合方式,能将设计师的设计灵感表现得淋漓尽致,尽情展现出其独特的艺术魅力和个性气质。被广泛应用于宾馆、酒店、酒吧、车站、游泳池、娱乐场所、居家墙地面等。

2. 马赛克的种类

马赛克按照材质、工艺可以分为若干不同的种类。玻璃材质的马赛克按照其工艺可以分为机器单面切割、机器双面切割以及手工切割等,非玻璃材质的马赛克按照其材质可以分为陶瓷马赛克、石材马赛克、金属马赛克等。不同种类的马赛克见表 8-1。

表 8-1   不同种类的马赛克

1. 陶瓷马赛克	2. 大理石马赛克	3. 玻璃马赛克	4. 金属马赛克
是最传统的一种马赛克,以小巧玲珑著称,但较为单调,档次较低	是中期发展的一种马赛克品种,丰富多彩,但其耐酸碱性差、防水性能不好,所以市场反响并不是很好	玻璃的色彩斑斓给马赛克带来蓬勃生机	由不同的金属材料制成的一种特殊马赛克,有光面和亚光面两种,有着金属的光泽和质感

（续表）

5. 贝壳马赛克	6. 电镀马赛克	7. 窑变马赛克	8. 镜面马赛克
深海贝壳加工而成，高端装饰的新宠	电镀马赛克具有环保、无辐射、耐酸碱、耐寒、耐热等功能，清洁打理也十分简易	经过窑变处理的陶瓷制品，具有独特的艺术气息	在商务会所、酒吧、俱乐部等时尚场所大量使用，有很好的炫光效果

3. 挑选玻璃马赛克要注意的地方

（1）有条纹等装饰的玻璃马赛克，其装饰物分布面积应占总面积的 20% 以上，且分布均匀。

（2）单块玻璃马赛克的背面应有锯齿状或阶梯状沟纹，这样铺贴会更牢固。

（3）所用粘贴剂除保证粘贴强度外，还应易从玻璃马赛克上擦洗掉，所用粘贴剂不能损坏背纸或使玻璃马赛克变色。

（4）在自然光线下，距马赛克 40 cm 左右高度目测其有无裂纹、疵点及缺边、缺角现象。

（5）随机抽取九联玻璃马赛克组成正方形，平放在光线充足的地方，在距其 1.5 m 处目测其光泽是否均匀，若光泽不均匀，在潮湿的卫生间易整体褪色，破坏墙面外观。

二、马赛克文化和历史

马赛克最早是一种镶嵌艺术，以小石子、贝壳、瓷砖、玻璃等有色嵌片应用在墙壁面或地板上的绘制图案来表现的一种艺术。

马赛克作为装饰材料，最早被发现并使用在建筑装饰上的是苏美人的神殿墙，在横贯欧洲的两河流域的美索不达米亚平原的神殿墙上有马赛克镶嵌的装饰图案，据说苏美人的太阳狗的镶嵌图案是发现最早的马赛克拼画。而考古发现最多的是古希腊时代，古希腊人的大理石马赛克铺石应用很普遍，当时最常用的形式是用黑色与白色相互搭配而成的铺石马赛克，当时只有权威的统治者及有钱的富人才请得起工匠、购得起材料，用马赛克镶嵌各种各样的图案装饰自己的住宅。用马赛克作装饰在当时是奢侈的艺术，到古希腊晚期时，一些能工巧匠和艺术家为了更多元化地丰富其建筑装饰作品，开始使用更细小的碎石片，并用手工切割的小石片通过各种颜色的搭配，组合来完成一幅幅马赛克镶嵌作品，铺贴在建筑物的墙上、地上、圆柱上，其原始、粗犷的艺术表现形式，是马赛克历史和文化的宝贵财富。到了古罗马时期，马赛克已经发展得很普遍了，一般的民宅及公共建筑的墙面、地板、圆柱、台面，家具等都使用马赛克来装饰，看过大片《角斗士》就会知道古罗马时期是多么富裕，罗马柱、罗马殿堂建筑，罗马拱形建筑，罗马雕塑和马赛克装饰与拼图无处不在，古罗马建筑艺术的确豪华到不可思议的地步，乃至近代、现代的一些经典建筑艺术作品，都在应用古罗马建筑风格，在我国的近代建筑艺术史上，上海外滩、北京东交民巷、广州沙面、青岛的万国村、大连的小洋楼、哈尔滨的西洋楼街、武汉江边的西洋建筑群等,大多是古罗马建筑风格的建筑,建筑体内外都有使用马赛克和马赛克拼图的痕迹,其中上海外滩的汇丰银行大楼、邮政局大楼更是保留着极为珍贵和经典的马赛克拼画和马赛克装饰,闻名世界的建筑——南京中山陵中伟人孙中山的寝陵拱形顶上的国民党党徽,就是一幅珍贵的马赛克拼图。

古罗马时期,艺术成为基督教徒表达信仰的最佳方式,他们在地下室和地下通道中聚会,由于大多数民众都不识字,他们把基督教徒的故事和传说在地下室的通道墙壁上做成马赛克拼图,用于传播基督教徒文化,于是这些聚集基督教徒和民众的地下室和通道存着很多描述耶稣基督的故事的马赛克壁画。因此,很多经典的马赛克壁画,都与基督教的传说和故事有关。罗马皇帝君士坦丁大帝登基后,使基督教合法化并加以大力宣传,于是君士坦丁堡(拜占庭)的教堂都用大量的马赛克和马赛克拼画来装饰美化,使用的色彩愈来愈多。罗马贵族们为了炫耀其令人瞠目结舌的财富,将金箔烧制于透明的玻璃上来使用,金箔马赛克最早是古罗马时期的西西里出现,西西里的马赛克大多是金底的。因此,拜占庭时期的艺术几乎要与马赛克一词划上等号,罗马时期的马赛克作为一门贵族常用的艺术表现无处不在,因此,罗马时期的马赛克是马赛克历史的黄金时期,也是马赛克艺术最经典的时期。

15世纪,土耳其人征服了君士坦丁堡,古老的君士坦丁堡城市的大小教堂被土耳其人改为清真寺,虔诚的基督教徒为了保存和捍卫基督教文化和艺术,用白色的涂料将马赛克盖住,经过历史的变迁,当基督教在当地再度被崇尚时,虔诚的基督教徒把改为清真寺的教堂中的马赛克拼画的白色涂料清洗掉,充满基督教神秘、繁复而又美丽的马赛克拼画又重现世间,其重现世间的一刹那,激发了人民对马赛克的无限向往,马赛克历史又进入了一个更加绚丽的发展时期。

16世纪,玻璃制造家发现了如何制造很多不同色调的玻璃,因此当时有些马赛克制作作坊制造出了多达万种不同色调的马赛克,他们开始用马赛克拼画形式模仿画家作画或临摹名画,使得马赛克艺术变得高度细节化和复杂化,给世间留下了很多经典的马赛克拼画艺术作品。

欧洲文艺复兴时期,画家应用透视法强调空间结构,形成了绘画平面的突破,在平面中追求立体感,而马赛克这样的嵌画材料本身不适于这样的立体表现,马赛克作为绘画艺术要走向写实很不容易,马赛克所特有的戏剧化僵硬形式,使从事马赛克创作的艺术家们忘了它们的功能,反而被马赛克大大牵制。随着文艺复兴而来的是对细节复杂的追求,文艺复兴时期油画艺术的兴起,多种艺术材料的选择以及建筑形态、建筑风格的改变都加速马赛克的衰落,导致欧洲文明在近几个世纪中,无法引发人们对马赛克这一古老艺术的兴趣,马赛克艺术历史一度进入了低迷发展时期。但文艺复兴时期的一些大画师由于颜料、画技和作画工具等各种因素制约,其绘画作品难以保存,于是皇室或一些达显贵族命令工匠搜集不同颜色、质感的天然石料,切割打磨成一小块、一小块的粒子,根据艺术家的一些原画逐一铺贴在墙上,这样就可令大师的画作得到永恒保存。马赛克保存艺术品独一无二的永久性技法,也使得马赛克成为文艺复兴时期一颗耀眼的明星。

当马赛克艺术在文艺复兴时期由于其他艺术表现形式不断兴起而变得衰落的时候,在西半球的印加,马雅和阿兹特克的文明中,产生了混合马赛克及镶嵌技巧来装饰首饰和小件物品,用金土和土耳其玉、石榴石和黑曜石等制造出复杂的人体和几何图形等艺术表现形式,而迪奥提瓦康人则利用绿松石,贝壳或黑曜石等装饰做成面具,马赛克艺术得以延续。

19世纪末期的西班牙,安东尼奥·高迪开始把马赛克融入建筑艺术,他在巴塞罗那的古埃尔公园所作的回旋靠背马赛克座椅,是马赛克在建筑艺术上的一个经典力作,他用这全新的处理方法,把强而有力的抽象力在建筑艺术上淋漓尽致地表现出来,把马赛克艺术结合应用于迂回弯曲的建筑构造物中,体现了马赛克最精于细节改造的特性。

再后来,因为基督教的重新传播,马赛克再度现世,使其艺术魅力不断提高且征服着近代艺术家的思维,引起一些绘画艺术家和陶艺家开始用马赛克作画和装饰艺术品。现代马赛克由于生产力的进步,生产工艺技术水平的不断提高,装饰材料的不断产生和被应用,马赛克很快突破了传统马赛克所使用材料的范围,如陶艺、云母、木头、彩色玻璃片、金属片交替使用,形成了更具质感和色彩冲击力的马赛克艺术作品。

如今,能用来制作马赛克的材料更多、更有弹性了。从沿用传统的大理石、小鹅卵石、玻璃砖、陶片、瓷片和珐琅等,到任何生活中可以使用的材料如钮扣、餐具或文具皆可。在今天这个高工业技术的时代,用金和银做出的玻璃状镶嵌片也可以大量生产。

三、 马赛克铺贴方法

(1)马赛克可以贴在外墙或内墙及室内地面,不受外界温度和湿度的变化影响。

(2)为了降低水晶马赛克的破损率,运输和施工时不能将产品正面朝下堆放,堆方高度最高为八箱。

(3)水晶玻璃马赛克的施工安装与普通瓷砖瓷片相似,为了达到完美的效果,必须将墙面处理平整,水晶马赛克可以安装在水泥墙面、石膏墙面或夹板上。贴马赛克时要对直缝铺贴。如果线条不直,将严重影响美观。

(4)安装水晶马赛克的最好材料是白色瓷砖胶。

① 热熔马赛克(普通水晶玻璃马赛克),可以用白水泥铺贴。

② 冷喷玻璃马赛克的作色工艺不同,如彩晶和工艺玻璃都属冷喷马赛克,不能用普通白水泥铺贴,如果用之,则马赛克背面的作色和工艺涂料会同白水泥的强碱发生化学反应,会变黑的。所以,冷喷工艺的马赛克,强烈要求用瓷砖胶贴。瓷砖胶市场的油漆店,陶瓷店或网上都有卖的。

(5)马赛克填缝最好的材料是各种颜色的填缝剂,一般使用白色填缝剂。如果因为买不到填缝剂或因其造价较高,可以使用优质白水泥替代,冷喷的马赛克不能用白水泥填缝。在贴好马赛克后,八成干(10 h左右)时,便可以开始填缝,填完缝,用湿润的布擦净线条外的残留。不能用带有研磨剂的清洁剂、钢线刷或砂纸来清洁,通常用家用普通清洁剂洗去胶或污物即可。

1. 虚拟实训

登录上海市级精品课程 2.0"建筑装饰工程施工"网站(http://180.167.24.37:8085),进入相应的仿真施工项目训练。

2. 真实实训

通过对马赛克背景墙施工项目的学习与了解,在现场对马赛克背景墙施工项目进行实操训练。

(1) 分组练习。每 5 人为一个小组,按照施工方法与步骤认真进行技能实操训练。

(2) 组内讨论、组间对比。组员之间可就有关施工的方法、步骤和要求进行相互讨论与观摩,以提高实操练习的质量与效率。

项目施工规范

参考《住宅装饰装修工程施工规范》(GB 50327—2001)相对应的内容。

项目验收标准

参考《上海市住宅装饰装修验收标准》(DB 31/30—2003)相对应的内容。

项目九

色彩缤纷——涂饰施工

本项目对室内装饰项目中的涂饰施工进行教学，主要讲解乳胶漆的涂饰。 在室内装饰项目中，墙面、顶面都要进行乳胶漆施工，是体量比较大的、典型的油漆施工项目。 乳胶漆涂饰有多种色彩可以选择，代表居住者不同的心情需求。 本项目依据规范及验收标准进行选编，列举室内装饰施工的典型性工作任务进行讲解。

● 任务　　涂饰施工

任务 ▶ 涂饰施工

任务描述

老王夫妇不希望房间是白色的,女主人喜爱粉绿色,他们的主卧墙面希望是粉绿的,所以今天他们来到了设计事务所。设计师小李就墙面涂饰工程给他们进行了介绍,并且满足了女主人对颜色上的要求。

任务分析

墙面粉刷工作实际上就是墙面乳胶漆工程。设计师小李就墙面乳胶漆工程向老王夫妇介绍了相关的工程知识,并且对于乳胶漆等相关材料进行了介绍。

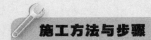

施工方法与步骤

一、工具的准备

一般应备有高凳、脚手板、空压机、喷枪、半截大桶、滚筒、橡皮刮板、钢片刮板、腻子托板、小铁锹、开刀、腻子槽、砂纸、笤帚、刷子、排笔、擦布、棉丝等(图9-1)。

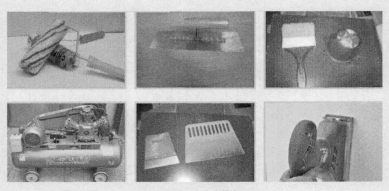

图 9-1　工具准备

二、材料的准备

(1) 涂料:乙酸乙烯乳胶漆。

（2）填充料：大白粉、石膏粉、滑石粉、羧甲基纤维素、聚醋酸乙烯乳液、地板黄、红土子、黑烟子、立德粉、调色颜料等。

材料准备如图9-2所示。

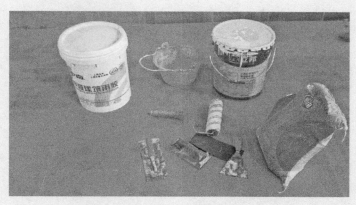

图9-2 材料准备

三、 施工方法的选择

涂饰施工的一般涂饰方法有滚涂、喷涂与刷涂等，每种涂饰方法都是在做好基层后施涂，不同的基层对涂料施工有不同的要求。

（1）滚涂。指利用滚涂辊子进行涂饰。

（2）喷涂。指利用压力将涂料喷涂于物面墙面上的施工方法。

（3）刷涂。指采用鬃刷或毛刷施涂。

四、 施工过程

（1）点防锈漆。

（2）刮拉法基。

（3）贴绷带（美纹纸）。

（4）水泥墙上贴网带，上环保胶水。

（5）修补腻子（刮白水泥）、修角：用水石膏将墙面等基层上磕碰的坑凹、缝隙等处分别找平，干燥后用1号砂纸将凸出处磨平，并将浮尘等扫净。

（6）刮腻子、打磨平整：刮腻子的遍数可由基层或墙面的平整度来决定，一般情况为3遍，然后打磨平整2遍。

（7）贴保护膜。

（8）喷墙漆一遍，修补后打磨。

（9）喷最后一遍墙漆。

（10）清理成活。

涂饰工程施工过程如图9-3～图9-6所示。

图 9–3　制作涂粘结合剂

图 9-4　刮腻子

图 9-5　打磨平整

图 9-6　滚涂涂料

一、 对涂料的认识

乳胶漆有水溶性、溶剂型、通用型、抗污型、抗菌型等。

1. 水溶性内墙乳胶漆

水溶性内墙乳胶漆无污染、无毒、无火灾隐患,易于涂刷、干燥迅速,漆膜耐水、耐擦洗性好,色彩柔和。水溶性内墙乳胶漆,以水作为分散介质,无有机溶剂性毒气体带来的环境污染问题,透气性好,避免了因涂膜内外温度压力差而导致的涂膜起泡弊端,适合未干透的新墙面涂装。

2. 溶剂型内墙乳胶漆

溶剂型内墙乳胶漆,以高分子合成树脂为主要成膜物质,必须使用有机溶剂为稀释剂,该涂料用一定的颜料、填料及助剂,经混合研磨而制成,是一种挥发性涂料,价格比水溶性内墙乳胶漆和水溶性涂料要高。此类涂料使用易燃溶剂,在施工中易造成火灾,但在低温施工时性能好于水溶性内墙乳胶漆和水溶性涂料,有良好的耐候性和耐污染性。有较好的厚度、光泽、耐水性、耐碱性,但在潮湿的基层上施工易起皮起泡、脱落等。

3. 通用型乳胶漆

通用型乳胶漆适合不同消费层次要求,是目前占市场份额最大的一种产品,最普通的为无光乳胶漆,效果白而没有光泽,刷上确保墙体干净、整洁,具备一定的耐刷洗性,具有良好的遮盖力。典型的是丝绸墙面漆,手感跟丝绸缎面一样光滑、细腻、舒适,侧墙可看出光泽度,正面看不太明显。这种乳胶漆对墙体要求比较苛刻,如若是旧墙返新,底材稍有不平,灯光一打就会显示出光泽不一致,因此对施工要求也比较高,施工时要求非常细致,才能尽显其高雅、细腻、精致之效果。

4. 抗污乳胶漆

抗污乳胶漆是具有一定抗污功能的乳胶漆,一些水溶性污渍,如水性笔、手印、铅笔等都能轻易擦掉,油渍也能沾上清洁剂擦掉。但对一些化学性物质如化学墨汁等,就不会擦到恢复原样,只是耐污性好些,具有一定的抗污作用,不是绝对的抗污。

5. 抗菌乳胶漆

人们对健康洁净的居住环境的追求越来越强烈,对抗菌功能的产品也越来越重视。抗菌乳胶漆除具有涂层细腻丰满、耐水、耐霉、耐候性外,还具有抗菌功能,它的出现推动了建筑涂料的发展。目前理想的抗菌材料为无机抗菌剂,它有金属离子型无机抗菌剂和氧化物型抗菌剂,对常见微生物、金黄色葡萄球菌、大肠杆菌、白色念珠菌及酵母菌、霉菌等具有杀灭和抑制作用。选用抗菌乳胶漆可在一定程度上改善生活环境。

二、 涂料的发展和种类

1. 内墙乳胶漆系列

1) 哑光漆

该漆具有无毒、无味、较高的遮盖力、良好的耐洗刷性、附着力强、耐碱性好、安全环保、施工方便、流平性好等特点,适用于工矿企业、机关学校、安居工程、民用住房。

2) 半哑光漆

半哑光漆是目前家具漆的主要品种。

3) 亮光漆

亮光漆在地板漆用得多。

4) 丝光漆

涂膜平整光滑、质感细腻,具有丝绸光泽、高遮盖力、强附着力、极佳的抗菌及防霉性能,优良的耐水耐碱性能,涂膜可洗刷,光泽持久,适用于医院、学校、宾馆、饭店、住宅楼、写字楼、民用住宅等。

5) 有光漆

色泽纯正、光泽柔和、漆膜坚韧、附着力强、干燥快、防霉耐水,耐候性好、遮盖力高,是各种内墙漆首选之品。

6) 高光漆

具有卓越的遮盖力,坚固美观,光亮如瓷,具有很强的附着力,高防霉抗菌性能,耐洗刷、涂膜耐久且不易剥落,坚韧牢固,是高档豪华宾馆、寺庙、公寓、住宅楼、写字楼等理想的内墙装饰材料。

2. 外墙乳胶漆系列

1) 哑光漆

该产品耐候性、耐紫外线较佳,具有干燥快、涂膜坚韧、遮盖力强、防霉、防水、色彩时尚的特点,适用于饭店、医院、学校、公寓、住宅楼、民用住房、寺庙、写字楼的外墙装饰。

2) 丝光漆

涂膜平整光滑、质感细腻,具有丝绸光泽、耐紫外线较佳、有较强的耐沾污性和优良的附着力,而且防霉防藻、流平性好,施工方便的特点,是宾馆、公寓、住宅楼、寺庙、写字楼、商业楼、旅游景点等理想的外墙装饰材料。

3) 有光漆

光泽度高、耐紫外线佳、同时有较强的附着力和抗粘污性,防霉防藻,是高档宾馆、公寓、寺庙、住宅楼、别墅、写字楼最为理想的外墙装饰材料。

4) 高光漆

具有保色性好、抗粉化,高耐候性,强遮盖力、高附着力,高防霉抗菌性,耐雨水冲刷,不变色、光亮如瓷等特点,是专为水泥基墙面而研制的一种理想的外墙用面漆。

3. 其他特种漆

1) 高弹漆

有卓越的抗裂性能,涂膜表面交联后,具有优良的弹性和延伸性,可弥盖墙壁表面已有的或将产生的裂纹;具有超强的抗粘污性和涂膜耐洗刷性,防水防潮、抗菌防霉、耐碱的特点,是一种高贵的外墙装饰材料。

2) 彩石漆

涂层立体感强,庄重典雅,美观大方,耐老化,造价低,经济实惠,适用于机关团体、宾馆饭店、民用住宅、公共场所等建筑外墙喷涂装饰。

3）固底漆

超强的渗透力可有效地封固墙面,耐碱防霉的涂膜能有效地保护墙壁,极强的附着力可有效防止面漆咬底龟裂,适用于各种墙体基层使用。

4）高光防水罩面漆

涂膜光亮如镜,耐老化,抗污染,内外墙均可使用,污点一洗即净,耐擦洗可达 10 000 次以上。适用于厨房、卫生间、淋浴间等易污染的场所。

三、成品保护

(1) 施涂前应首先清理好周围环境,防止尘土飞扬,影响涂料质量。

(2) 施涂墙面涂料时,不得污染地面、踢脚线、阳台、窗台、门窗及玻璃等已完成的项目工程。

(3) 最后一遍涂料施涂完后,室内空气要流通,预防漆膜干燥后表面无光或光泽不足。

(4) 涂料未干前,不应打扫地面,严防灰尘等粘污墙面涂料。

(5) 涂料墙面完工后要妥善保护,不得磕碰、污染墙面。

四、作业条件

(1) 涂料施工应在抹灰工程、地面工程、木装修工程、水暖工程、电气工程等全部完工并经验收合格后进行。

(2) 了解施工涂料对基层的基本要求,包括基层材质、附着能力、清洁程度、干燥程度、平整度、酸碱度等,并按其要求进行基层处理。

(3) 涂料施工的环境温度不能低于涂料正常成膜温度的最低值。冬季施工时,应采取保温和保暖措施,室温要始终保持均衡,不得骤然变化。相对湿度也应符合涂料施工相应的要求。室外涂料工程施工过程中,应注意气候变化,遇到恶劣天气时不应施工。

(4) 外墙涂饰时,同一面墙应用相同批次的涂料。在施涂前及施工过程中,必须充分搅拌,以免沉淀,影响施涂作业和效果。

1. 虚拟实训

登录上海市级精品课程 2.0“建筑装饰工程施工”网站(http://180.167.24.37:8085),进入相应的仿真施工项目训练。

2. 真实实训

通过对涂饰工程项目的学习与了解,在现场对涂饰工程施工项目进行实操训练。

(1) 分组练习。每5人为一个小组,按照施工方法与步骤认真进行技能实操训练。

(2) 组内讨论、组间对比。组员之间可就有关施工的方法、步骤和要求进行相互讨论与观摩,以提高实操练习的质量与效率。

小贴士

项目施工规范

摘自《住宅装饰装修工程施工规范》(GB 50327—2001):

13　涂饰工程

13.1　一般规定

13.1.1　本章适用于住宅内部水性涂料、溶剂型涂料和美术涂料的涂饰工程施工。

13.1.2　涂饰工程应在抹灰、吊顶、细部、地面及电气工程等已完成并验收合格后进行。

13.1.3　涂饰工程应优先采用绿色环保产品。

13.1.4　混凝土或抹灰基层涂刷溶剂型涂料时,含水率不得大于8%;涂刷水性涂料时,含水率不得大于10%;木质基层含水率不得大于12%。

13.1.5　涂料在使用前应搅拌均匀,并应在规定的时间内用完。

13.1.6　施工现场环境温度宜在5~35℃之间,并应注意通风换气和防尘。

13.2　主要材料质量要求

13.2.1　涂料的品种、颜色应符合设计要求,并应有产品性能检测报告和产品合格证书。

13.2.2　涂饰工程所用腻子的粘结强度应符合国家现行标准的有关规定。

13.3　施工要点

13.3.1　基层处理应符合下列规定:

① 混凝土及水泥砂浆抹灰基层:应满刮腻子、砂纸打光,表面应平整光滑、线角顺直。

② 纸面石膏板基层:应按设计要求对板缝、钉眼进行处理后,满刮腻子、砂纸打光。

③ 清漆木质基层:表面应平整光滑、颜色协调一致、表面无污染、裂缝、残缺等缺陷。

④ 调和漆本质基层:表面应平整、无严重污染。

⑤ 金属基层:表面应进行除锈和防锈处理。

13.3.2　涂饰施工一般方法:

① 滚涂法:将蘸取漆液的毛辊先按W方式运动将涂料大致涂在基层上,然后用不蘸取漆液的毛辊紧贴基层上下、左右来回滚动,使漆液在基层上均匀展开,最后用蘸取漆液的毛辊按一定方向满滚一遍。阴角及上下口宜采用排笔刷涂找齐。

② 喷涂法：喷枪压力宜控制在 0.4～0.8 MPa 范围内。喷涂时喷枪与墙面应保持垂直，距离宜在 500 mm 左右，匀速平行移动。两行重叠宽度宜控制在喷涂宽度的 1/3。

③ 刷涂法：直按先左后右、先上后下、先难后易、先边后面的顺序进行。

13.3.3　木质基层涂刷清漆：本质基层上的节疤、松脂部位应用虫胶漆封闭，钉眼处应用油性腻子嵌补。在刮腻子、上色前，应涂刷一遍封闭底漆，然后反复对局部进行拼色和修色，每修完一次，刷一遍中层漆，干后打磨，直至色调协调统一，再做饰面漆。

13.3.4　木质基层涂刷调和漆：先满刷清油一遍，待其干后用油腻子将钉孔、裂缝、残缺处嵌刮平整，干后打磨光滑，再刷中层和面层油漆。

13.3.5　对泛碱、析盐的基层应先用 3% 的草酸溶液清洗，然后用清水冲刷干净或在基层上满刷一遍耐碱底漆，待其干后刮腻子，再涂刷面层涂料。

13.3.6　浮雕涂饰的中层涂料应颗粒均匀，用专用塑料辊蘸煤油或水均匀滚压，厚薄一致，待完全干燥固化后，才可进行面层涂饰，面层为水性涂料应采用喷涂，溶剂型涂料应采用刷涂。间隔时间宜在 4 h 以上。

13.3.7　涂料、油漆打磨应待涂膜完全干透后进行，打磨应用力均匀，不得磨透露底。

项目验收标准

摘自《上海市住宅装饰装修验收标准》(DB 31/30—2003)：

12　涂装

12.1　基本要求

涂刷或喷涂要均匀，无掉粉、漏涂、露底、流坠、明显刷纹，表面无鼓泡，脱皮，斑纹等现象。

12.2　验收要求及方法

12.2.1　溶剂型涂料

12.2.1.1　清漆涂刷质量验收要求及方法应按表 16 的规定进行。

表 16　清漆涂刷验收要求及方法

序号	要求	验收方法		项目分类
		量具	测量方法	
1	裹楞、流坠、皱皮大面无、小面明显处无	目测、手感	应在涂料实干后进行，距 1.5 m 处正视	B
2	木纹清晰、棕眼刮平			C
3	平整光滑			C
4	颜色基本一致，无刷纹			C
5	无漏刷、鼓泡、脱皮、斑纹			C

12.2.1.2　混色漆涂刷质量验收要求及方法应按表17的规定进行。

表17　混色漆涂刷质量验收要求及方法

序号	要求	验收方法		项目分类
		量具	测量方法	
1	透底、流坠、皱皮大面无、小面明显处无	目测、手感，偏差用精度为1mm的钢直尺	应在涂料实干后进行，距1.5m处正视，分色线采用在5m长度内检查	B
2	平整、光滑均匀一致			C
3	分色裹楞大面无，小面允许偏差不大于2mm			C
4	分色线偏差不大于2mm			C
5	颜色一致，刷纹通顺			C
6	无脱皮、漏刷、泛锈			C

12.1.1.3　水乳性涂料

水乳性涂料涂刷验收要求及方法应按表18的规定进行。

表18　水乳性涂料涂刷验收要求及方法

序号	要求	验收方法		项目分类
		量具	测量方法	
1	表面无起皮、皱皮、起壳、鼓泡，无明显透底、色差、泛碱、返色，无砂眼、流坠、粒子等	目测、手感，偏差用精度为1mm的钢直尺	应在涂料实干后进行，距1.5m处正视，分色线采用在5m长度内检查	B
2	涂装均匀、粘结牢固，无漏涂、掉粉			C
3	分色线偏差不大于2mm			C

项目十

木质器的保护层
——木器漆涂饰

　　本项目对室内装饰项目中的木器漆涂饰进行教学，主要讲解木器漆施工任务。 在室内装饰项目中，木器漆的施工是关乎所有木制品家具装饰效果的，漆面也是木器产品的表面防护层。 本项目依据规范及验收标准进行选编，列举室内装饰施工的典型性工作任务进行讲解。

　　● 任务　　木器漆施工

任务 ▶ 木器漆施工

任务描述

设计师小李询问老王夫妇,木器使用哪类油漆?

任务分析

老王询问了家具厂的朋友,了解到木器漆有许多种类,油漆做法也不同,他决定在樱桃木家具、线条等木饰面上喷硝基色漆,色泽为半亚光。

施工方法与步骤

一、工具的准备

所准备的工具包括油刷、开刀、牛角板、油画笔、掏子、毛笔、砂纸、破布、擦布、腻子板、钢皮刮板、橡皮刮板、小油桶、半截大桶、水桶、油勺、棉丝、麻丝、竹签、小色碟、高凳、脚手板、安全带、钢丝钳子、小锤子和小笤帚等(图10-1)。

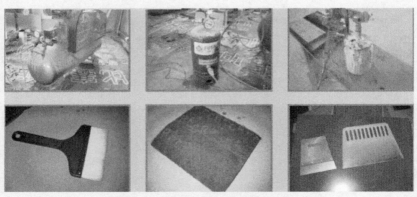

图10-1 工具准备

二、材料的准备

所准备的材料包括:

（1）涂料：光油、清油。酯胶清漆、酚醛清漆、铅油、调和漆、漆片等。

（2）填充料：石膏、地板黄、红土子、黑烟子、大白粉等。

（3）稀释剂：汽油、煤油、醇酸稀料、松香水、酒精等。

（4）催干剂："液体钴干剂"等。

材料准备如图 10 - 2 所示。

图 10 - 2 材料准备

三、施工过程

1. 基层处理，刷底漆

首先将木门窗框和木料表面基层刮除干净，再在木器上先上一层底漆。

2. 贴保护膜

在瓷砖、玻璃、五金（合页）、石膏板等不喷涂木器漆处做好保护和贴膜。

3. 修补腻子、打磨

使用油性略大的带色石膏腻子一遍，并用木工砂打磨平整。

4. 刷底漆、打磨

再上一遍底漆，再局部打磨。

5. 刮灰

刮去不需要的部分漆面。

6. 喷硝基底漆、打磨

喷大约 8 遍硝基底漆，再全部打磨。

7. 上色漆

在面漆里添加色剂，调好所要的颜色。

8. 喷硝基面漆、打磨

颜色喷好后，再打磨（因为此时喷好油漆表面有颗粒）。

9. 罩面漆

最后罩面漆 2～3 遍。

木器漆工程施工过程如图 10 - 3～图 10 - 5 所示。

图 10-3 基层处理,刷底漆

图 10-4 木器漆调配

图 10－5　罩面漆 2～3 遍

知识储备

一、木器漆的种类

木器漆的种类如图 10-6 所示。

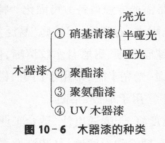

图 10-6　木器漆的种类

1. 硝基清漆及辅助剂

（1）硝基清漆。为一种由硝化棉、醇酸树脂、增塑剂及有机溶剂调制而成的透明漆，属挥发性油漆，具有干燥快、光泽柔和等特点。硝基清漆分为亮光、半哑光和哑光三种，可根据需要选用。硝基漆也有其缺点：高湿天气易泛白、丰满度低，硬度低。

（2）手扫漆。属于硝基清漆的一种，是由硝化棉，各种合成树脂，颜料及有机溶剂调制而成的一种非透明漆。此漆专为人工施工而配制，具有快干特性。

（3）硝基漆的主要辅助剂。

① 天那水。它是由酯、醇、苯、酮类等有机溶剂混合而成的一种具有香蕉气味的无色透明液体，主要起调和硝基漆及起固化作用。

② 化白水，也叫防白水，术名为乙二醇单丁醚。在潮湿天气施工时，漆膜会有发白现象，适当加入稀释剂量 10%～15% 的硝基磁化白水即可消除。

2. 聚酯漆

它是用聚酯树脂为主要成膜物制成的一种厚质漆。聚酯漆的漆膜丰满，层厚面硬。聚酯漆同样拥有清漆品种，叫聚酯清漆。

聚酯漆施工过程中需要进行固化,这些固化剂份量占了油漆总量的三分之一。这些固化剂也称为硬化剂,其主要成分是 TDI(甲苯二异氰酸酯)。这些处于游离状态的 TDI 会变黄,不但使家私漆面变黄,同样也会使邻近的墙面变黄,这是聚酯漆的一大缺点。目前市面上已经出现了耐黄变聚酯漆,但也只能做"耐黄"而已,还不能做到完全防止变黄的情况。另外,超出标准的游离 TDI 还会对人体造成伤害。游离 TDI 对人体的危害主要是致敏和产生刺激作用,包括造成疼痛流泪、结膜充血、咳嗽胸闷、气急哮喘、红色丘疹、斑丘疹、接触性过敏性皮炎等症状。国际上对于游离 TDI 的限制标准是控制在 0.5%以下。

3. 聚氨酯漆聚氨酯漆

即聚氨基甲酸酯漆。漆膜强韧,光泽丰满,附着力强,耐水耐磨、耐腐蚀性好。被广泛用于高级木器家具,也可用于金属表面。其缺点主要有遇潮起泡,漆膜粉化等问题,与聚酯漆一样,它同样存在着变黄的问题。聚氨酯漆的清漆品种称为聚氨酯清漆。

4. UV 木器漆

即紫外光固化木器漆。它采用 UV 光固化,是 21 世纪最新潮的涂料。产品固化速度快,一般为 3~5 s 即可固化干燥。产品不含甲醛、苯及 TDI,绿色环保。施工方法有喷涂、刷涂、辊涂、淋涂等。由于是化学交联固化,因此漆膜性能优异,另外由于固含量高(一般＞95%)因此丰满程度是其他种类油漆所无法比拟的,缺点是需要专业设备方可固化。特点简述如下:

(1) 酚醛类漆干燥快、硬度高、耐水、耐磨蚀,但较脆,易泛黄。

(2) 硝基漆,即蜡克,干燥快、漆膜坚硬、耐磨且木纹清晰,但漆膜丰满度差。

(3) 醇酯漆施工方便、附着牢固、光亮丰满,常用于门窗、栏杆等户外木制品、钢铁结构的涂饰。但其涂膜较软,耐水性较差,不宜用于地板、桌面。

(4) 不饱和聚酯漆优点是丰满度好,干燥速度快,适合工业化流水线生产。

(5) 聚胺酯类漆有优良的硬度、韧性和耐磨性,且装饰性强,但含 TDI。

二、 木器漆涂刷方法

油漆也是装修中非常常见的项目,在业界甚至有"三分木工七分漆"之说。现将常用的油漆工艺工序介绍如下,以供参考。

(1) 上着色油或调色油(仅限于有变色要求的工程,普通的工程不需要这道工序)。

(2) 刷清漆保护底漆(如果没有前一工序的话,则这是第一道工序)。如果是保持原色进行刷清漆的话,那么在材料购进工地后就必须清洁表面并立即刷第一遍保护底漆,底漆一般也是使用面漆。

注意:清漆面层必须在刷墙漆之前操作。

(3) 清理木器表面灰尘和污物。

(4) 用砂纸把板面或者木线条表面打光。

(5) 刷第一遍漆。

(6) 干透后用经过调配的色粉、熟胶粉、双飞粉调合成腻子,将钉眼和树疤掩饰掉,使其与本色一样。

(7) 干透后用细砂纸把色粉粗糙的部分打磨光,这一遍很关键。

（8）刷一遍漆。

（9）干透后用细砂纸磨光。

（10）再刷一遍漆。即一遍漆后加一遍细砂纸打光，如此类推。如果有专用底漆的，将第一遍漆改为专用底漆。

（11）用湿布把木器表面抹湿，然后用砂纸湿水后打磨表面，俗称水磨。

（12）刷最后一遍漆。

一般而言，算上最后一道漆，共需要刷面漆4～8遍方会有较为优质的效果。面层油漆越多遍越好，但一般不宜超过10遍。在潮湿天气施工时，漆膜会有发白现象，适当加入稀释剂量10%～15%的硝基磁化白水即可消除。

三、木器漆日常保养

木器漆是木制家具的面子，起到保护和美化的功能。但是经过一段时间的使用，木器漆面很可能会泛白、色泽暗淡、开裂剥落。如何防止或者说是减缓这一过程，木器漆的日常养护与清洁就必不可缺了。下面介绍一些保养注意事项，通过日常的实践，可以使木器漆面长期呈现平滑光亮、饱和丰满、色泽和谐的状态。

1. 施工7天后才能使用

木器家具要在涂装油漆7天后，才能正常使用，7天中注意保持室内空气的流动性和温度的适中性，保证木器漆漆膜达到正常的硬度。7天后油漆的各项性能才能达到相对稳定。

2. 避免阳光直射

涂刷干燥后的家具，不放在太阳直射的窗口或门边，紫外线长期照射家具漆面，会导致木器漆漆面干裂粉化。因此涂漆家具应摆放在不受阳光照射的地方，避免长时间曝晒。如果家具实在需要放置在窗边，可以配上遮挡紫外线的窗帘。

3. 避免接触高温物件及高浓度化学试剂

开水杯、热饭锅等高温物件最好不要直接与木器漆漆面接触，远离火炉和暖气片等热源，否则表面受热干裂，漆膜剥落，影响外观。同时家具的漆膜也要尽量避免接触高浓度的化学试剂，如盐酸、稀释剂等。

4. 不宜直接摆放瓷器、玻璃台面等物件

涂漆家具上如需放置瓷器、玻璃台面等物件，放置要小心磕碰，下面应铺放棉质台布，而非直接铺放纸张或塑料薄膜等不透气的材料。否则时间一长，纸张或塑料薄膜就会粘在漆膜上，破坏漆膜的完整性。

5. 谨防用硬物碰撞和刀子刻划

在移动家具的时候，注意轻起轻放，防止碰伤漆面，家里有小孩的，要防止小孩用小刀划刻家具，否则容易对漆膜造成硬性损伤。这种损伤很难修补，并容易导致伤口周围的漆膜再扩大起皮。

6. 每隔几年重刷木器漆

每隔几年，最好能用同种类别木器漆重刷一遍，以保持房中家具漆膜常新，经久耐用。

7. 日常灰尘、污渍处理

日子长了，家具漆膜表面会沾上灰尘、油渍等，平时要经常用柔软的砂布擦抹表面的灰尘污迹，难以擦去的可用抹布蘸少量洗衣粉或洗洁精擦拭，然后用清水、抹布擦干净，对于比较高档的家具，可以选用价格较高的专用木器清洁护理液护理。

四、作业条件

（1）抹灰工程、地面工程、木装修工程、水暖工程、电气工程等全部完工并经验收合格后进行。操作前应认真进行工序交接检查工作，并对遗留问题进行妥善处理。不符合规范要求的，禁止进行油漆施工。

（2）木基层表面含水率不得大于 12%。

（3）大面积施工时，应事先做样板间，经检验合格后，方可组织大面积施工。

（4）施工温度、湿度要保持均衡，不得突然有较大的变化，且通风良好，环境比较干燥。在冬季进行室内油气工程施工，应在采暖条件下进行，室温保持均衡。

1. 虚拟实训

登录上海市级精品课程 2.0"建筑装饰工程施工"网站（http://180.167.24.37:8085），进入相应的仿真施工项目训练。

2. 真实实训

通过对木器漆工程项目的学习与了解，在现场对木器漆工程施工项目进行实操训练。

（1）分组练习。每 5 人为一个小组，按照施工方法与步骤认真进行技能实操训练。

（2）组内讨论、组间对比。组员之间可就有关施工的方法、步骤和要求进行相互讨论与观摩，以提高实操练习的质量与效率。

项目施工规范

参考《住宅装饰装修工程施工规范》（GB 50327—2001）相对应的内容。

项目验收标准

参考《上海市住宅装饰装修验收标准》（DB 31/30—2003）相对应的内容。

项目十一

墙面的新选择——墙面裱糊

本项目对室内装饰项目中的墙面裱糊进行教学，主要讲解墙纸裱糊施工任务。 在室内装饰项目中，墙面装饰除了乳胶漆、贴砖、大理石等，还逐步流行起墙纸墙布的裱糊施工。 由于墙纸墙布的图案、花纹丰富，色彩鲜艳，故更显得室内装饰豪华、美观、艺术、雅致；同时，也对墙壁起到一定的保护作用。 本项目依据规范及验收标准进行选编，列举室内装饰施工的典型性工作任务进行讲解。

● 任务　　裱糊施工

任务 ► 裱糊施工

任务描述

设计师小李建议老王夫妇在卧室使用墙纸进行墙面装饰处理,老王认为墙纸存在霉变、脱落等隐患,拒绝了小李的建议。今天小李特地拿了许多墙纸样本,给老王介绍现在墙纸的特点与性能。

任务分析

墙纸具有色彩多样、图案丰富、安全环保、施工方便、价格适宜等多种其他室内装饰材料所无法比拟的特点,在室内装饰中被频繁使用。

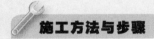

施工方法与步骤

一、工具的准备

所准备的工具包括裁纸工作台一个、钢板尺(1 m 长)、壁纸发刀、毛巾、塑料水桶和脸、油工刮板、小锅等。在进行时应注意各类的材料是否齐全,墙面也应在进行时处理干净(图 11-1)。

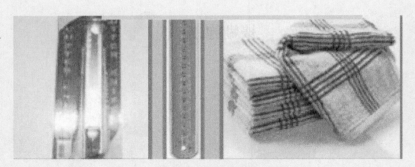

图 11-1 工具准备

二、材料的准备

所准备的材料包括墙纸、界面剂或各种型号的壁纸黏结剂(图 11-2)。

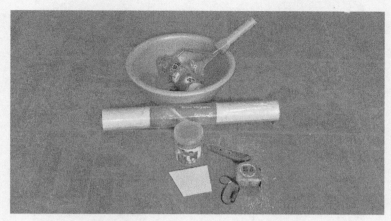

图 11-2 材料准备

三、施工过程

1. 墙面基层处理

墙面清扫干净,将表面裂缝、坑洼不平处用腻子找平。再满刮腻子,打磨平。根据需要决定刮腻子遍数。

2. 计算用料、弹线

提前计算好顶、墙粘贴壁纸的张数及长度。弹好第一张顶、墙面壁纸铺贴的位置线。

3. 裁纸

按已量好的墙体高度放大 2~3 cm,按其尺寸裁纸,一般应在桌案上裁割,将裁好的纸用湿温毛巾擦后,折好待用。

4. 刷胶糊纸

(1)在纸上及墙上刷胶。

(2)从墙面阴角开始,沿垂直线吊直铺贴第一张。

(3)用手铺平,刮板刮实,并用小辊子将上、下阴角处压实。

(4)要自上而下对缝,拼花端正。

(5)将挤出的胶液用湿温毛巾擦净。

5. 检查

糊纸后应认真检查,对墙纸的翘边翘角,气泡,皱褶及胶痕等应及时处理和修整,使之完善。

裱糊工程如图 11-3~图 11-7 所示。

推荐使用机械滚胶，更均匀快速，且可以在一道工序中完成切割，并将带胶水的墙纸折成待用状态

图 11-3　裁剪修边

图 11-4　滚涂胶水

图 11－5 裁剪修边

图 11－6 批刮平整

图 11－7 擦拭胶痕

一、墙纸的类型

墙纸,国外习惯称之为壁纸,是一种应用相当广泛的室内装饰材料。因为墙纸具有色彩多样、图案丰富、安全环保、施工方便、价格适宜等多种其他室内装饰材料所无法比拟的特点,故在欧美、东南亚、日本等发达国家和地区得到很大程度的普及。据调查了解,英国、法国、意大利、美国等国的室内装饰墙纸普及率达到了 90% 以上,在日本的普及率更是实现了 100%。墙纸的表现形式非常丰富,为适应不同的空间、场所,不同的兴趣爱好,不同的价格层次,墙纸也有多种类型以供选择。

1. 纸底胶面壁纸

目前使用最广泛的产品特点是:

(1)色彩多样,图案丰富。通过印刷、压花模具和不同图案的设计,多版印刷色彩的套印,各种压花纹路的配合,使得墙纸图案多姿多彩,既有适合办公场所稳重大方的素色纸,也有适合年轻人欢快奔放、对比强烈的几何图形;既有不出家门,即可见山水丝竹的花纸,也有迎合儿童口味,带领进入奇妙童话世界的卡通纸。只要设计得体,墙纸可以创造随心所欲的家居气氛。

(2)价格适宜。步入高档的星级宾馆时,可能会被它的豪华气派所折服,希望自己的家庭也能同样高贵典雅,但却因为高昂的装修价格望而却步。如今,市场上流行的国产纸底胶面墙纸,售价加施工费,总价位多在 $10\sim20$ 元/m²。一间 20 m² 的房间,只需花费几百元钱即可旧貌换新颜。此种价位特别适合工薪阶层的需求。不断求新存异、创新流行的国产墙纸制造行业,使人们梦想成真。

(3)周期短。选用油漆或涂料装修,墙面至少需反复施工三至五次,每次间隔一天,即需一周的时间。加之油漆与涂料中含有大量的有机溶剂,吸入体内可能会对人体健康产生影响,所以入住之前需保持 10 天以上的室内通风时间。这样一来,从装修到完工,至少需要半个月。而选用壁纸装修,一套三室一厅的住房,由专业的壁纸施工人员张贴壁纸,只需三个人即可完成,丝毫不影响正常生活。例如,家住上海静安新城的刘先生,因为需出国旅行,临时决定近期结婚。当时最让刘先生着急的是新房室内尚未装修,而距离婚期却只有 10 天时间了。为此设计师向他推荐使用墙纸,结果只用两天时间就完成了墙纸张贴,从而也使刘先生的婚礼得以顺利举行。举此实例说明重用墙纸装修房间,委托墙纸销售单位进行设计、销售、施工一条龙服务,将会使繁琐的装修步骤变得非常简单轻松。

(4)耐脏、耐擦洗。如果家里的宝宝喜欢创作,经常在墙上公布最新作品;如果夏天因为拍打蚊虫不小心弄脏了墙面,无需为墙纸的清洁而烦恼,只要用海绵蘸清水或清洁剂擦拭,即可除去污渍。胶面墙纸的耐脏、耐擦洗的特性保证,即便反复擦拭也不会影响墙面的美观大方。

（5）此外,胶面壁纸还能满足防火、防霉、抗菌的特殊需求。

2. 布底胶面壁纸

分为十字布底和无纺布底。

3. 壁布

或称纺织壁纸,表面为纺织材料,也可以印花、压纹。

特点：视觉舒适、触感柔和、吸音、透气、亲和性佳、典雅、高贵。

（1）纱线壁布：用不同式样的纱或线构成图案和色彩。

（2）织布类壁纸：有平织布面、提花布面和无纺布面。

（3）植绒壁布：将短纤维植入底纸,产生质感极佳的绒布效果。

4. 金属类壁纸

用铝箔制成的特殊壁纸,以金色、银色为主要色系。

特点：防火、防水,华丽、高贵。

5. 天然材质类壁纸

用天然材质如草、木、藤、竹、叶等,纺织而成。

特点：亲切自然、休闲、舒适,环保。

（1）植物纺织类。

（2）软木、树皮类壁纸。

（3）石材、细砂类壁纸。

6. 防火壁纸

用防火材质纺织如玻璃纤维或石棉纤维纺织而成。

特点：防火性极佳,防水、防霉,常用于机场或公共建筑。

7. 特殊效果壁纸

（1）荧光壁纸：在印墨中加有荧光剂,夜间会发光,常用于娱乐空间;

（2）夜光壁纸：使用吸光印墨,白天吸收光能,在夜间发光,常用于儿童居室;

（3）防菌壁纸：经过防菌处理,可以防止霉菌滋长,适合用于医院、病房;

（4）吸音壁纸：使用吸音材质,可防止回音,适用于剧院、音乐厅、会议中心;

（5）防静电壁纸：用于需要防静电的特殊场所,如实验室等。

二、墙纸发展趋势

纵观墙纸的发展趋势,墙纸是很有市场的。首先,家居饰品在中国的发展还处于萌芽发展阶段,而墙纸正好属于家居饰品的范畴,是个新兴的事物;其次,追求生活质量和品位的人越来越多,势必为墙纸的发展创造一种氛围,选择一副时尚个性的墙纸,定会让家的感觉与众不同!家,对于现代人来说是一个非常重要的私密场所。如何将家装扮得更加温馨和时尚,是越来越多的人的需求,而墙纸正好能满足大众的需求,让个性十足无处不在。

如今,人们在传统墙纸的基础上,推陈出新,应用现代科学技术成就,陆续研制出一系列新品种：

（1）聚氯乙烯塑料墙纸。它是以纸为基材，以聚氯乙烯塑料薄膜为面层，经过复合、印合、印花、压花等工序制成的一种新型装饰材料。有非发泡普通型、发泡型等种类。其特点是美观、耐用，有一定的伸缩性、耐裂强度，可制成各种图案及凹凸纹，富有很强的质感，还有强度高、易于粘贴的特点，陈旧后易于更换，且表面不吸水，可用布擦洗。其缺点是透气性较差，时间一长会渐渐老化并或多或少对人体健康产生副作用。塑料墙纸是目前发展迅速、应用广泛的一种墙纸。

（2）玻璃纤维印花墙纸。它是以玻璃纤维布为基材，表面涂以耐磨树脂，印上彩色图案而制成的。具有色彩鲜艳、花色繁多、不褪色、不老化、防火、耐磨、施工简便、粘贴方便、可用皂水洗刷等特点。

（3）棉质墙纸。它是以纯棉平布经过前期处理、印花、涂层制作而成。具有强度高、静电小、无光、吸音、无毒、无味、耐用、花色美丽大方等特点。适用于较高级的居室装饰。

织物墙纸：用丝、毛、棉、麻等天然纤维，经过无纺成型、上树脂、印制彩色花纹而成的一种新型贴墙材料。具有挺括、富有弹性、不易折断、纤维不老化、色彩鲜艳、粘贴方便，以及有一定透气性和防潮性，耐磨、不易褪色等优点。但这种墙纸表面易积尘，且不易擦洗。

（4）化纤墙纸。它是以化纤为基材，经一定处理后印花而成。具有无毒、无味、透气、防潮、耐磨、无分层等优点，适用于一般住宅墙面装饰。

（5）天然材面墙纸。它是以纸为基材，以编织的麻、草为面层经复合加工而制成的一种新型室内装饰材料。具有阻燃、吸音、透气、散潮湿、不变形等优点。这种墙纸，具有自然、古朴、粗犷的大自然之美，富有浓厚的田园气息，给人以置身于自然原野之中的感受。

（6）纸基涂塑壁纸。它是以纸为基材，用高分子乳液涂布面层，经印花、压纹等工序制成的一种墙面装饰材料。具有防水、耐擦、透气性好、花色丰富多彩等特点，而且使用方便、操作简便、工期短、工效高、成本低。适用于一般家庭的墙面装饰。

（7）健康型环保墙纸。它是精选天然植物粗纤维，用科学方法精制而成。表面富有弹性，且隔音、隔热、保温，手感柔软舒适。最大的特点是无毒、无害、无异味，透气性好，而且纸型稳定，随时可以擦洗，使用寿命高于普通墙纸两倍以上。因此，这种新型墙纸越来越受到人们的推崇，并认为必将成为今后一段时期装饰材料市场的主旋律。

（8）吸湿墙纸。日本发明了一种能吸湿的墙纸，它的表面布满了无数的微小毛孔，1 m^2 可吸收 100 mL 的水分。这是洗脸间墙壁的理想装饰品。

（9）杀虫墙纸。美国发明一种能杀虫的墙纸，苍蝇、蚊子、蟑螂等害虫只要接触到这种墙纸，很快便会被杀死，它的杀虫效力可保持 5 年。该墙纸可以擦洗，不怕水蒸气和化学物质。

（10）调温墙纸。它是英国研制成功的一种调节室温的墙纸，由 3 层组合而成，靠墙的里层是绝热层，中间是一种特殊的调温层，是由经过化学处理的纤维所构成，最外层上有无数细孔并印有装饰图案。这种美观的墙纸，能自动调节室内温度，保持空气宜人。

（11）防霉墙纸。在日光难以照射到的房屋，如北边房间、更衣室、洗浴间以及一些低矮阴暗的房间，使用这种日本研制的含有防腐剂的墙纸，能有效地防霉、防潮。

（12）保温隔热墙纸。德国最近生产出一种特殊的墙纸，具有隔热和保温的性能。这种墙纸只有 3 mm 厚,其保温效果相当于 27 cm 厚的石头墙。

(13)暖气墙纸。英国研制成功一种能够散发热量的墙纸,这种墙纸上涂有一层奇特的油漆涂料,通电后涂料能将电能转化为热量,散发出暖气,适宜冬天贴用。

(14)戒烟墙纸。美国一公司推出可帮助人戒烟的墙纸,在贴有这种墙纸的房间内吸烟,吸烟者会感到香烟并不"香",反而有恶心感,从而促使其戒烟。原来,这种墙纸在制作过程中加入了几种特殊的化学物质,而这些化学物质能持久地散发出一种特殊气味,若有人吸烟,这种气体就能刺激吸烟者的感觉系统,使其产生厌恶香烟的感觉。随着科学技术的进步和人民生活水平的日益提高,具有不同风格和适应不同需求的各种墙纸新产品,将会被陆续研制开发出来,为营造美好、舒适、健康的室内环境作出新的贡献。

三、墙纸的特点

(1)造价比乳胶漆贵些。

(2)施工水平和质量不容易控制。

(3)档次比较低、材质比较差的壁纸环保性差,对室内环境有污染。

(4)一些壁纸色牢度较差,不易擦洗。

(5)印刷工艺差的壁纸时间长了会有褪色现象,尤其是日光经常照的地方。

(6)不透气材质的壁纸容易翘边,墙体潮气大,时间久了容易发霉脱层。

(7)大部分壁纸再更换需要撕掉并重新处理墙面,比较麻烦。

(8)收缩度不能控制的纸浆壁纸需要搭边粘贴,会显出一条条搭边竖条,整体视觉感有影响(仅限复合纸墙纸)。

(9)颜色深的纯色壁纸容易显接缝。

四、防霉和伸缩性的处理

墙纸的施工,最关键的技术是防霉和伸缩性的处理:

(1)防霉的处理。墙纸张贴前,需要先把基面处理好,可以双飞粉加熟胶粉进行批烫整平。待其干透后,再刷上一两遍清漆,然后再张贴。

(2)伸缩性的处理。墙纸的伸缩性是一个老大难问题,要解决就要从预防着手。一定要预留 0.5 mm 的重叠层。为片面地追求美观而把重叠层取消,这是不妥的。另外,尽量选购一些伸缩性较好的墙纸。

五、纸质壁纸的施工方法

(1)纸质壁纸比较脆弱,施工时应格外小心。

(2)施工前将指甲剪干净,以免指甲在壁纸上留下划痕。

(3)施工前保持壁纸的平整、干净。

(4)不能用水清洗表面,若发现有污渍,应用海绵吸水后,拧开一部分水分,保持一定的湿度。然后用湿抹布轻轻擦拭。

(5) 纸质壁纸绝不可放在水中浸泡。

(6) 注意不要让任何粘胶贴到壁纸表面,否则会使该壁纸变色或脱落。

(7) 一旦胶水粘在壁纸表面,应立即用海绵清洗,若待胶水干后再擦,会破坏印刷表面。

(8) 胶水调配与其他壁纸相比,浓度应稀一些,便于施工。

(9) 纸质上胶后膨胀系数大,贴上墙干后,接缝处容易收缩开裂。解决办法有以下两种:

① 在上墙要干时,用湿海绵从中间开始擦拭壁纸表面,每幅接缝处留 2—3 cm,不要擦水。

② 在接缝处加白胶或强力胶。

六、 纱线壁布、无纺布、编制类壁布施工方法

(1) 由于壁纸本身会吸水,故胶水配制应浓厚,使流动性降低,加入适量的白胶,以增加黏着力,直接在墙面上胶。

(2) 不可使用硬质刮板或尼龙刷,而使用软毛刷由上往下轻压,将壁纸贴于墙面。

(3) 保持双手的清洁,小心上胶,不要污染壁纸表面,若有胶水溢出要立即用海绵吸除。

(4) 在贴之前,应在壁布边缘用双面胶贴掉一段,加长壁布的宽度,以免壁布边缘受胶水污染。

(5) 万一壁布表面受污染,只能将污染处依宽幅大小裁掉一单元。

(6) 用毛刷轻轻赶出气泡,不可太用力,以免破坏壁布的面料,尤其是在张贴纱线类壁布时,因其表面脆弱,更须小心。

(7) 避免在阴角处重叠切割壁布,且不能在阳角处剪裁壁布,以免引起阳角处壁布翘边。

(8) 若表面有灰尘,应用软毛刷或掸子轻拂,不可用湿毛巾擦拭,会造成污渍扩大。

七、 花纸的拼接

(1) 拼缝的要求。要对接拼搭好的墙与壁纸的搭接应根据设计要求而定。一般有挂镜线的房间应以挂镜线为界,无挂镜线的房间以弹线为准。

铺贴时应注意花形用纸的颜色,力求一致。

(2) 拼接时的技巧。要让墙纸的底纸达到最大的收缩饱和,否则上墙后由于纸干后会收缩的原因,接缝会明显,所以要让底纸胀到最大,贴到墙上后尽最大可能把接缝处拼牢,这样干了之后接缝处就不那么明显了。

花形拼接如出现困难,错槎应尽量甩到不显眼的阴角处,大面不应出现错槎和花形混乱的现象。

八、 裱糊类墙柱饰面的基本构造

裱糊类装饰构造属于粘贴分层构造形式。其构造主要表现在粘贴不同面层的材料时,不同的面层要选用不同的胶黏剂,裱糊方法也不一致。它与涂料装饰构造基本相同,只是采用的面层材料不同。在各基层处理好后,用胶黏剂将壁纸等面料粘贴到基层上。待其固化后,面料表面因干缩变形将面料绷紧、拉平;要注意花纹图案的拼接、接缝不得有痕迹;内墙上部用挂镜线

收边,或用吊顶下皮遮盖。

九、 裱糊类饰面工程质量通病的防治

1. 腻子裂纹

1）现象

刮抹在裱糊基层表面的腻子,部分或大部分出现小裂纹,特别是在凹陷处裂纹较严重,甚至脱落。

2）原因

（1）腻子胶性小,稠度较大,失水快,使腻子面层出现裂缝。

（2）凹陷坑洼处的灰尘、杂物未清理干净,粘结不牢。

（3）凹陷孔洞较大时,刮抹的腻子有缺陷,形成干缩裂纹。

3）防治措施

（1）腻子稠度适中,胶液应略多一点。

（2）对空洞凹陷处应特别注意清除灰尘、浮土,并涂一遍胶黏剂。

（3）对裂纹大且已脱离基层的腻子要铲除干净,处理后重新刮一遍腻子。

2. 表面粗糙,有疙瘩

1）现象

表面有凸起或颗粒,不光洁。

2）原因

（1）基层表面污物未处理干净;凸起部分未处理平整;砂纸打磨不够或漏磨。

（2）使用的工具未清理干净,有杂物混入材料中。

（3）操作现场周围灰尘飞扬或有污物落在刚粉饰的表面上。

（4）基层表面太干燥,施工环境温度较高。

3）防治措施

（1）清除基层表面污物,腻子疤等凸起部分要用砂纸打磨平整。

（2）操作现场及使用材料、工具等应保持洁净,以防止污物混入腻子或胶黏剂中。

（3）表面粗糙的粉饰,要用细砂纸打磨光滑,并上底油。

3. 颜色不一致

1）现象

在同一面墙或同一房间内壁纸颜色不一致。

2）原因

（1）壁纸材质差,颜色不一致或容易褪色。

（2）基层潮湿,遇到日光曝晒使壁纸表面颜色发白变浅。

（3）基层色泽深浅不一,壁纸太薄。

3）防治措施

（1）选用不易褪色且较厚的壁纸。

（2）基层含水率小于8%时才能裱糊，并避免在阳光直射下裱糊。

（3）基层颜色较深时，应选用颜色深、花饰大的壁纸。

1. 虚拟实训

登录上海市级精品课程2.0"建筑装饰工程施工"网站（http://180.167.24.37:8085），进入相应的仿真施工项目训练。

2. 真实实训

通过对裱糊工程项目的学习与了解，在现场对裱糊施工项目进行实操训练。

（1）分组练习。每5人为一个小组，按照施工方法与步骤认真进行技能实操训练。

（2）组内讨论、组间对比。组员之间可就有关施工的方法、步骤和要求进行相互讨论与观摩，以提高实操练习的质量与效率。

项目施工规范

参考《住宅装饰装修工程施工规范》（GB 50327—2001）相对应的内容。

项目验收标准

摘自《上海市住宅装饰装修验收标准》（DB 31/30—2003）：

13　裱糊

13.1　基本要求

壁纸（布）的裱糊应粘贴牢固，表面应清洁、平整，色泽应一致，无波纹起伏、气泡，裂缝、皱褶、污斑及翘曲，拼接处花纹图案吻合，不离缝，不搭接，不显拼缝。

13.2　验收要求及方法

裱糊壁纸（布）的验收要求及方法应按表19的规定进行。

表 19 裱糊壁纸(布)的验收要求及方法

序号	要求	验收方法		项目分类
		量具	测量方法	
1	色泽一致无明显色差	目测	应在裱糊干燥后进行,距 1.5 m 处正视	B
2	表面无皱折、污斑、翘边、波纹起伏			B
3	花纹图案吻合恰当			C
4	与顶角线、踢脚板拼接紧密无缝隙			C
5	粘贴牢固,不得有漏贴、补贴、脱层			C
6	阴阳转角棱角分明			C
7	垂直度(3 m内)不大于 4 mm	建筑用电子水平尺或线锤、钢直尺	每室随机测量两处,取最大值	C
8	接缝不大于 0.5 mm	裂缝规		C

参考文献

[1] 中华人民共和国建设部.GB 50327—2001　住宅装饰装修工程施工规范[S].北京:中国建筑工业出版社,2002.

[2] 上海市质量技术监督局.DB 31/T 5000—2012　住宅装修服务规范[S].2012.

[3] 李继业,周翠珍,胡琳.建筑装饰装修工程施工技术手册[M].北京:化学工业出版社,2017.

[4] 陈保胜,张剑敏,马怡红.建筑装饰工程施工[M].北京:中国建筑工业出版社,1995.

[5] 李军,陈雪杰,业之峰装饰,等.室内装饰装修完全图解教程[M].北京:人民邮电出版社,2015.